新编21世纪高等职业教育精品教材
电子与信息类

U0795201

# Python数据分析与可视化

主　编◎庄国强　琚沅红　曲豫宾
副主编◎解圣霞

中国人民大学出版社
· 北京 ·

# 前 言

在新时代中国特色社会主义建设迈上新台阶的背景下，中国共产党第二十次全国代表大会强调科技创新在国家发展全局中的核心地位，明确提出要强化国家战略科技力量，完善科技创新体系，加快实施创新驱动发展战略，推进科技自立自强。为了积极响应这一号召，我们精心编写了《Python 数据分析与可视化》教材，旨在为广大学习者提供一套紧贴时代脉搏、符合国家战略需求的数据科学教育工具，服务于科技创新人才培养，赋能我国数字化转型和高质量发展。

本教材的编写缘于我们对国家创新驱动发展战略的深入理解和贯彻，尤其在党的二十大精神指引下，我们认识到培养具备扎实数据分析能力和先进可视化技术的人才对我国经济社会发展的重要性。在信息技术日新月异、大数据驱动决策的时代，我们立足于培养学生在数据科学领域的实践应用能力，通过理论与实战相结合的教学模式，引导学生在解决实际问题中深化对 Python 数据分析与可视化的理解与应用。

本教材旨在通过实践和项目驱动的方法，深入浅出地介绍 Python 及其在数据分析和可视化方面的应用。本教材内容不仅涵盖 Python 基础知识，还包含 NumPy、Pandas、Matplotlib、Sklearn 等重要的数据分析工具。通过 5 个精心设计的章节，学习者将逐步掌握数据分析的关键技能，并能够将这些技能应用于解决实际问题中。

本教材具有三大特色：

（1）融汇了“双元制教学”理念，不仅由高校一线教师编写，还邀请了来自行业领先企业的工程师共同参编，确保内容既与时俱进又贴近产业实际需求。

（2）避免在围绕具体项目案例展开过程中，因某些必要的基础知识或理论没有得到完整的覆盖，而造成知识结构的不完整，让学习者在学习体验中有碎片化的感觉的问题。本教材每章在通过知识导图保证知识点完整性的同时，对章节内相应知识点进行深入剖析和练习，并通过各个章节最后精心设计的项目案例内化知识，以免知识点的零碎化。

（3）教学资源丰富。本教材附带丰富的在线教学资源，包括课后练习解答、实验教程、实战案例以及延伸阅读材料，同时配有完善的教学视频教程，以满足多元化学习需求，营造互动式学习环境。

本课程建议至少 48 学时，学时多的情况下可以安排实训。

| 章节 | 48 学时安排 | 64 学时安排 |
| --- | --- | --- |
| 第 1 章　Python 基础 | 12 | 12 |
| 第 2 章　NumPy 与科学计算 | 8 | 12 |
| 第 3 章　Pandas 与数据分析 | 8 | 12 |
| 第 4 章　Matplotlib 与数据可视化 | 8 | 12 |
| 第 5 章　Sklearn 与机器学习 | 12 | 16 |
| 合计 | 48 | 64 |

本教材面向广大高校学生、在职数据分析师、Python 程序员以及对数据分析和可视化感兴趣的自学者。无论是初学者还是具有一定基础的学习者，均能在本教材中找到适合自己学习和提升的路径。

本教材由庄国强、琚沅红、曲豫宾担任主编，解圣霞担任副主编。其中，解圣霞编写了第 1 章，曲豫宾编写了第 3 章，庄国强编写了第 2 章和第 4 章，琚沅红编写了第 5 章并负责统稿。同时，本教材汇集了优秀教师以及知名企业的资深工程师的智慧，他们在各自领域内深耕多年，凭借丰富的教学经验和实战经历，共同协作完成了这部兼具学术严谨性和行业实用性的教材。感谢北京中软国际教育科技股份有限公司朱鑫建工程师提供的课程案例。感谢所有为本教材的撰写付出辛勤努力的作者，以及给予大力支持的合作企业。

在此，我们深感荣幸能以实际行动践行党的二十大精神，期待通过《Python 数据分析与可视化》教材的推广和应用，为我国培养更多具备自主创新能力和国际竞争力的数据科学人才，共筑科技强国梦。

编　者

# 目 录

# 第 1 章

# Python 基础

在计算机技术发展历程中，编程与算法已从专业领域逐渐融入日常生活，成为一种新的文化与技能。无论是科研、工作还是生活，编程的应用都带来了便利和机会。然而，初学者在面对众多编程知识时，常常感到困惑：如何开始学习？哪些知识是基础且必须掌握的内容？如何将所学的知识与实践相结合，提升其实用价值？

为解决这些问题，本章选择“24 点游戏计算器”作为 Python 编程入门的实践项目。该项目旨在帮助读者理解编程的实际应用价值，同时体验编程的乐趣。学习编程不仅是掌握一门语言或一套工具，更重要的是培养逻辑思维和解决问题的能力。“24 点游戏计算器”项目将引导读者从问题到解决方案的全过程中学习 Python 的基础语法，逐步建立编程思维。

本书的设计原则是“学以致用”，以实际应用为驱动，帮助读者理解和掌握编程知识，打破初学时的困惑，使学习之路更加顺畅和富有成效。

## 学习目标

### 知识目标

理解并记忆 Python 语言的特性及用途、基本数据类型、函数和代码的复用；理解程序的控制结构、常用数据的类型；了解 Python 语言的基本构成和程序设计方法。

### 能力目标

能够独立进行程序设计，使用 Python 开发实际应用，为从事相应的软件开发工作奠定良好的基础。

### 素养目标

培养正确的人生观和价值观，具备良好的职业道德和崇高的社会责任感；培养创新意识与创新精神，具有科学态度和批判精神，具有参与现代科学技术竞争的基本素质和发展潜力；树立终身学习理念，培养团队合作精神。

## 知识导图

经过筛选和整理，本章的基础知识主要包括 Python 编程入门、变量与数据类型、Python 语句和 Python 特性等，如图 1-1 所示。

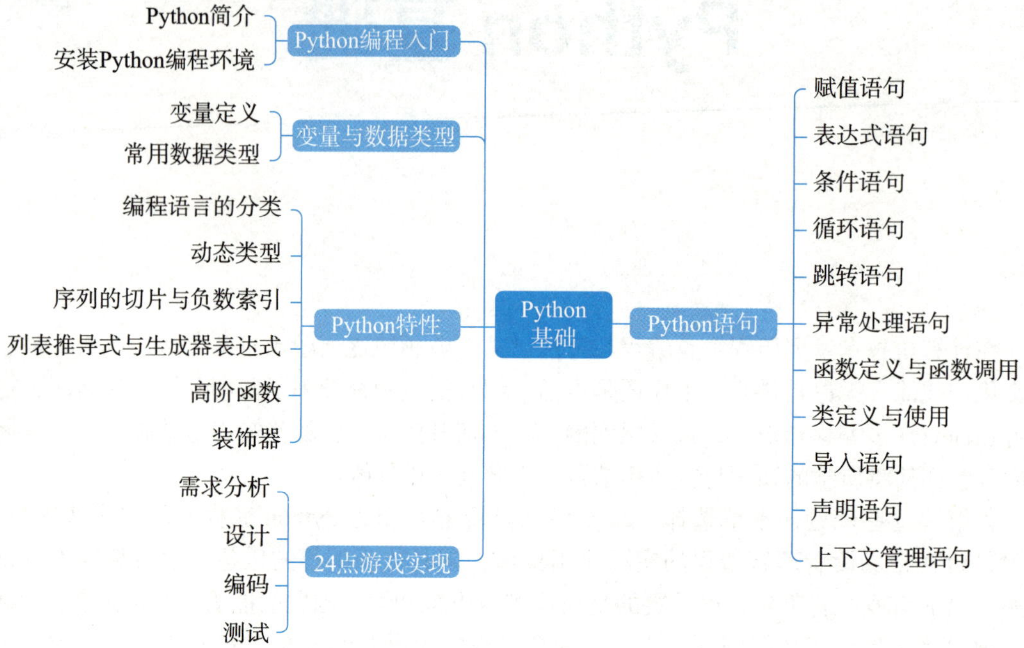


图 1-1　Python 相关知识

# 1.1 Python 编程入门

## 1.1.1 Python 简介

Python 已经成为当今编程世界中的一个核心元素。Python 是一种高级编程语言，由吉多 · 范 · 罗苏姆（Guido van Rossum）于 1989 年开发，并在 1991 年首次发布。它设计的核心理念是代码的可读性和简洁性，这得益于它采用常用的空格缩进来定义代码块，以及在语法上追求简单明了。Python 是一种解释型语言，这意味着开发者可以在编写代码后立即运行程序，而不需要一个烦琐的编译过程。当然 Python 实际上也支持编译，通常是通过将 Python 代码编译为字节码（.pyc 文件），然后在需要时解释这些字节码。

Python 的名称来源于吉多 · 范 · 罗苏姆所喜爱的电视剧 *Monty Python's Flying Circus*（英国电视喜剧片《蒙提 · 派森的飞行马戏团》），并不是指蟒蛇。但 Python 的本意是蟒蛇，

Python 的图标和吉祥物是一只蟒蛇，这也是为什么很多与 Python 相关的衍生品都会有蟒蛇的图案。

Python 在多个领域都非常受欢迎，包括网络开发、数据分析、人工智能和科学计算等。它的标准库提供了大量的模块和函数，这些模块和函数可以帮助程序员完成各种任务，如文件操作、数据序列化、数学运算和图形用户界面制作等。

此外，与 Python 相关的社区非常活跃，全球有大量的开发者和专家贡献自己的知识和经验。这些社区提供了大量的第三方库和框架，如 Django 和 Flask 用于网站开发，NumPy 和 Pandas 用于数据分析，TensorFlow 和 PyTorch 用于机器学习等。这些丰富的资源使得 Python 成为一个非常强大的工具，能够应对各种编程挑战。

Python 的另一个特点是它的跨平台性。Python 的解释器可以在多种操作系统上运行，包括 Windows、Mac OS X 和 Linux 等，这使得用 Python 编写的程序具有很好的可移植性。

随着信息技术的发展，Python 的重要性日益增加。它因其易学易用、高效灵活而被广泛用于教育领域，成为许多初学者首选的编程语言。同时，Python 也是很多专业开发者和研究人员的重要工具。随着越来越多的人加入 Python 的行列，它的生态系统也在不断壮大，为全球的软件开发和技术创新做出了巨大的贡献。

## 1.1.2 安装 Python 编程环境

### 1. Python 的编译过程

知识微课堂

安装 Anaconda 并运行 Hello World

Python 是一种解释型语言，它在运行时实际上会先将源代码编译为字节码。这些字节码是与平台无关的，可以在任何安装了 Python 解释器的系统上运行。Python 的解释器读取这些字节码，然后逐行解释和执行。

### 2. 编写和执行 Python 源代码

Python 的语法非常简洁明了，使得它易于学习。可以使用任何文本编辑器来编写 Python 代码，然后将文件保存为扩展名为 .py 的文件。运行 Python 代码需要 Python 解释器，在命令行中输入“python”就能运行 Python 解释器，然后跟上 Python 源文件名（如 python hello.py）。如果你的系统上安装了 Python，可尝试执行 hello.py 脚本。具体步骤（新建脚本、编写脚本和运行脚本）如图 1-2 所示。

**注意事项**

若图 1-2（c）报“python”不是内部或外部命令，也不是可运行的程序或批处理文件，则表明没有安装 Python 解释器或没有正确配置。在下节中，安装 Anaconda 时会自动安装并配置 Python 解释器，到时再运行 hello.py 脚本。

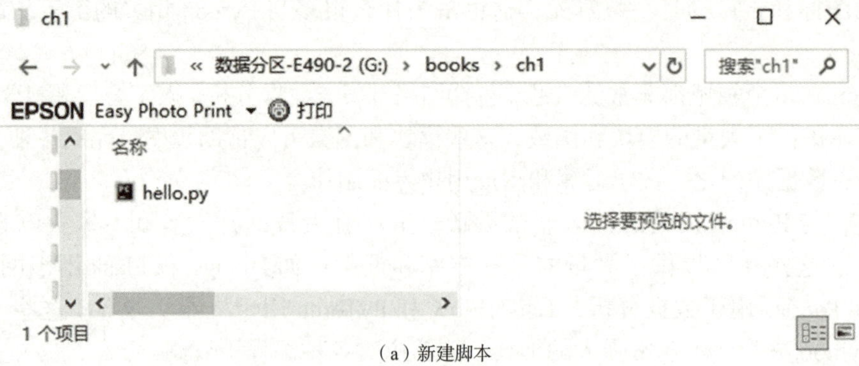


（a）新建脚本

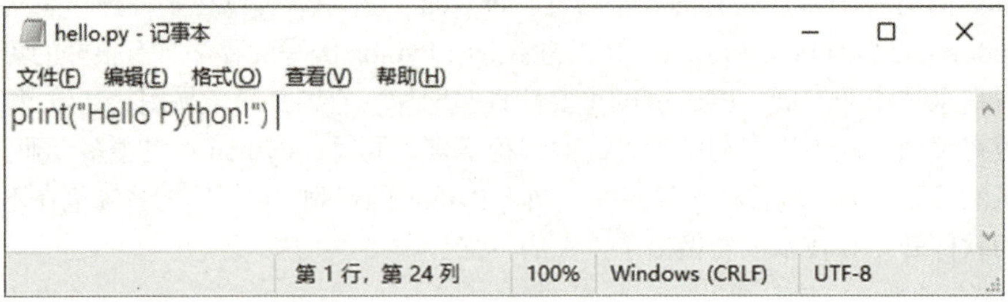


（b）编写脚本

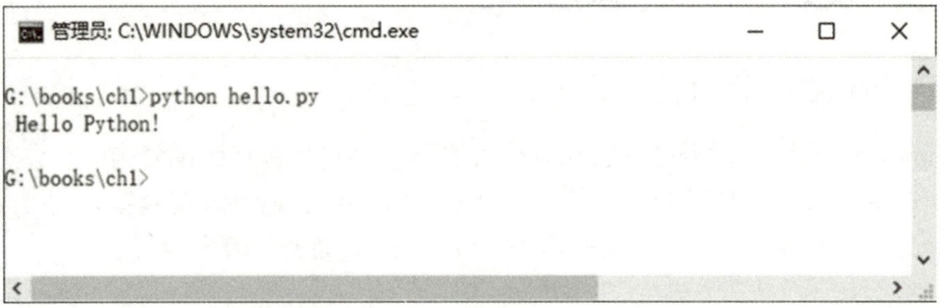


（c）运行脚本

**图 1-2　hello.py 脚本的新建、编写与运行**

### 3. Anaconda 简介

Anaconda 是一款专为数据科学和机器学习设计的 Python 开源发行版，它简化了 Python 语言环境的设置与管理。Anaconda 提供的工具使得用户能够轻松地访问成千上万的开源软件包和库，从而在单一机器上开展复杂的数据分析工作。其核心组件“conda”是一个跨平台的包管理和环境管理系统，允许用户创建、保存、加载和切换不同的环境，确保不同项目之间的依赖项不会产生冲突。Anaconda Navigator 作为图形界面，提供了简易的交互方式来管理这些环境和启动常用的数据科学应用程序，如 Jupyter Notebook。总的来说，Anaconda 通过提供一个稳定且易于使用的开发环境，大大降低了进行数据科学研究和技术应用的门槛，是从事数据分析、机器学习等活动的理想选择。

Anaconda 主要有以下几个特点：

（1）便捷获取包且能够对包进行管理；

（2）可以对环境统一进行管理；

（3）有 1 000 多个开源库；

（4）内置 Jupyter Notebook。

### 4. Jupyter Notebook 简介

Jupyter Notebook 是一个非常强大的工具，常用于交互式地开发和展示数据科学项目。它将代码和它的输出集成到一个文档中，并且结合了可视的叙述性文本、数学方程和其他丰富的媒体，能够保存运行状态，暂存运行结果，无须每次从头运行。直观的工作流支持迭代和快速的开发，使得 Jupyter Notebook 在当代越来越多的科学研究中愈发受欢迎。最重要的是，作为开源项目的一部分，它是完全免费的。

### 5. Anaconda 获取

从官网（https://www.anaconda.com/）直接下载所需版本，下载按钮如图 1-3 所示。本书基于 Windows 10 系统。

**图 1-3　Anaconda 下载按钮**

### 6. Anaconda 安装

运行下载好的 Anaconda3-2024.10-1-Windows-x86_64.exe（读者可根据需要下载不同版本，本教材仅作为一种参考）文件，出现如图 1-4 所示的界面。

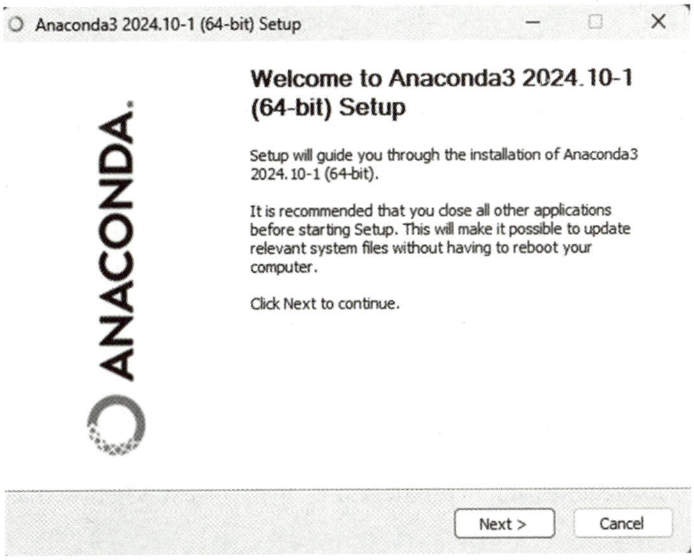


**图 1-4　Anaconda 安装界面 1**

单击“Next”按钮，出现如图 1-5 所示的界面。

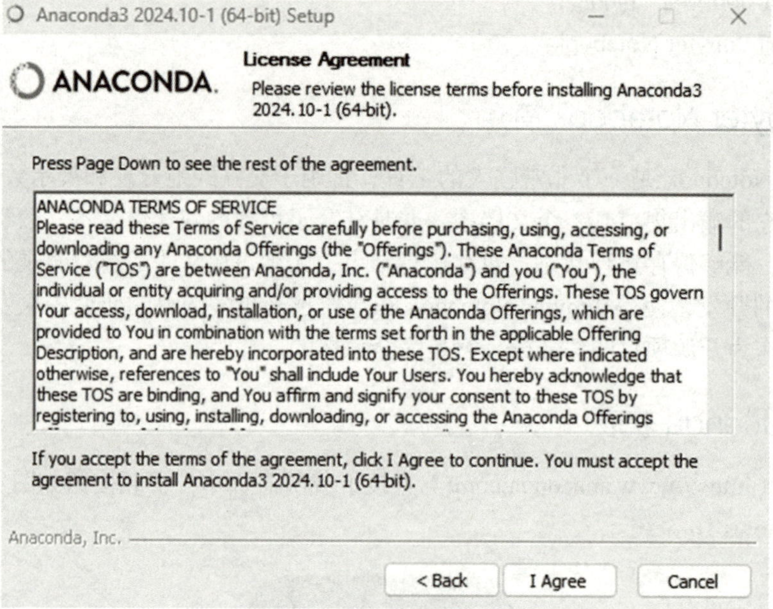


图 1-5　Anaconda 安装界面 2

单击“I Agree”按钮，出现如图 1-6 所示的界面。

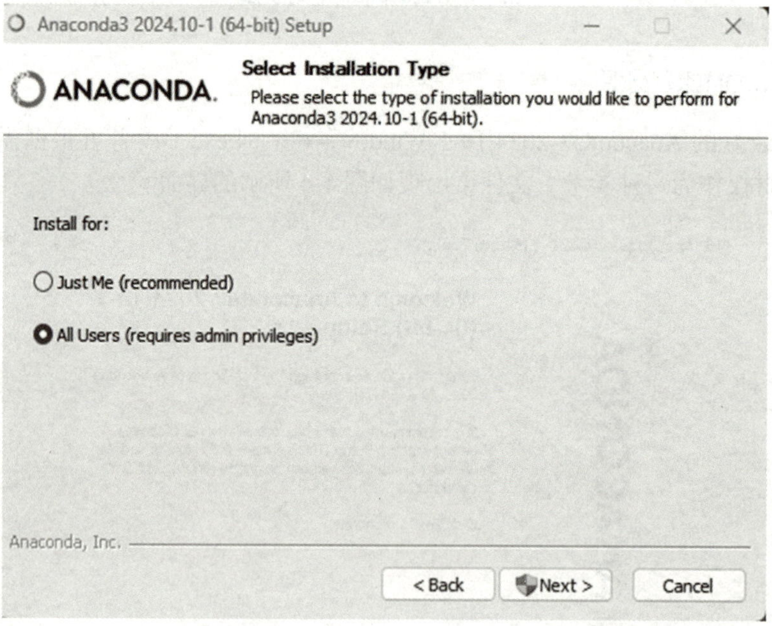


图 1-6　Anaconda 安装界面 3

选择“All Users (requires admin privileges)”，单击“Next”按钮，出现如图 1-7 所示的界面。

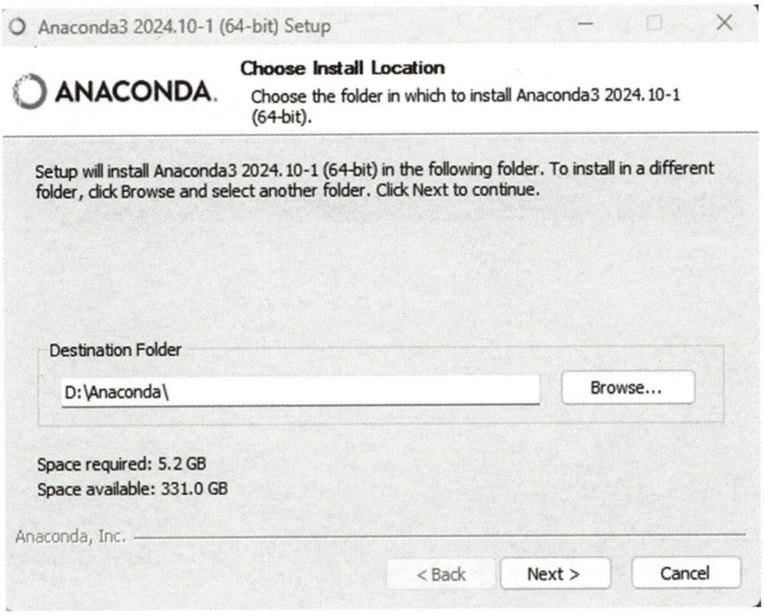


图 1-7　Anaconda 安装界面 4

接下来选择安装路径，可以直接修改，也可以单击“Browse...”按钮选择。单击“Next”按钮，出现如图 1-8 所示的界面。

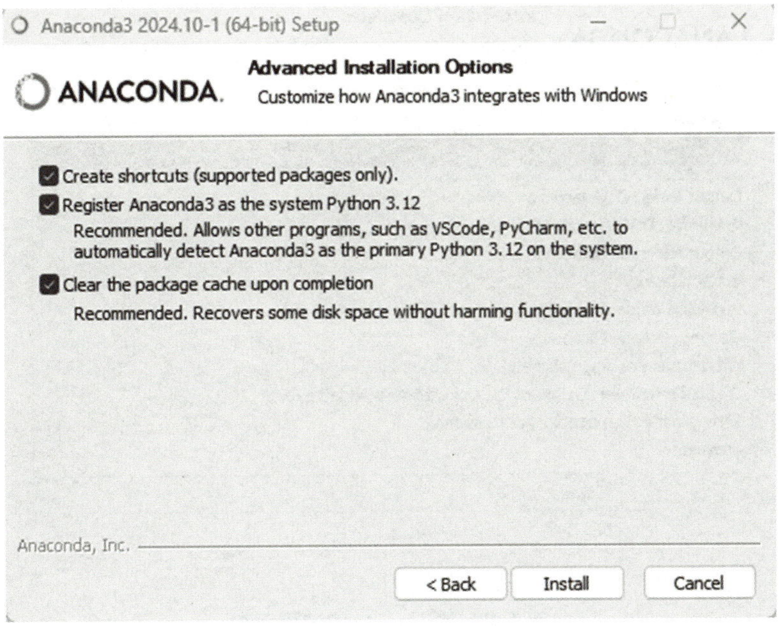


图 1-8　Anaconda 安装界面 5

选中“Advanced Installation Options”的全部选项。单击“Install”按钮，出现如图 1-9 所示的界面，开始安装，可能需要几分钟，之后出现如图 1-10 所示的界面。

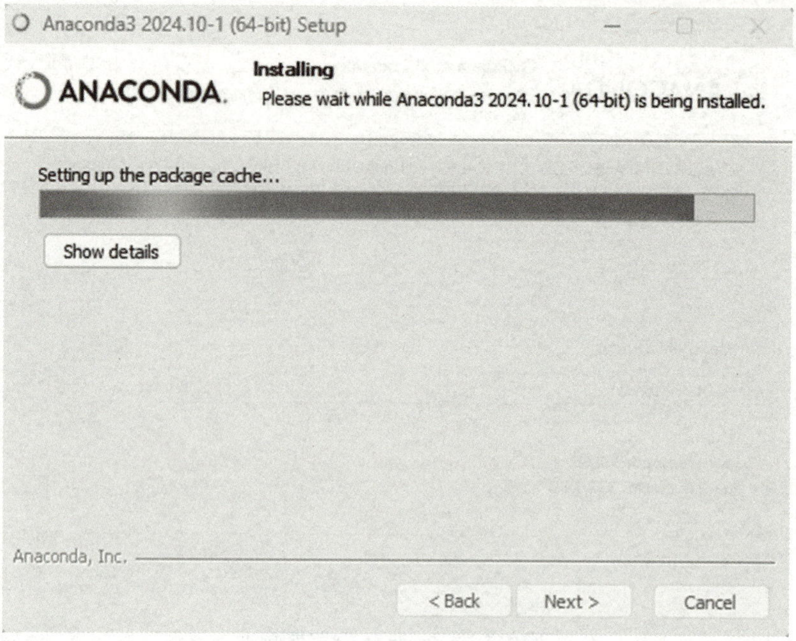


图 1-9　Anaconda 安装界面 6

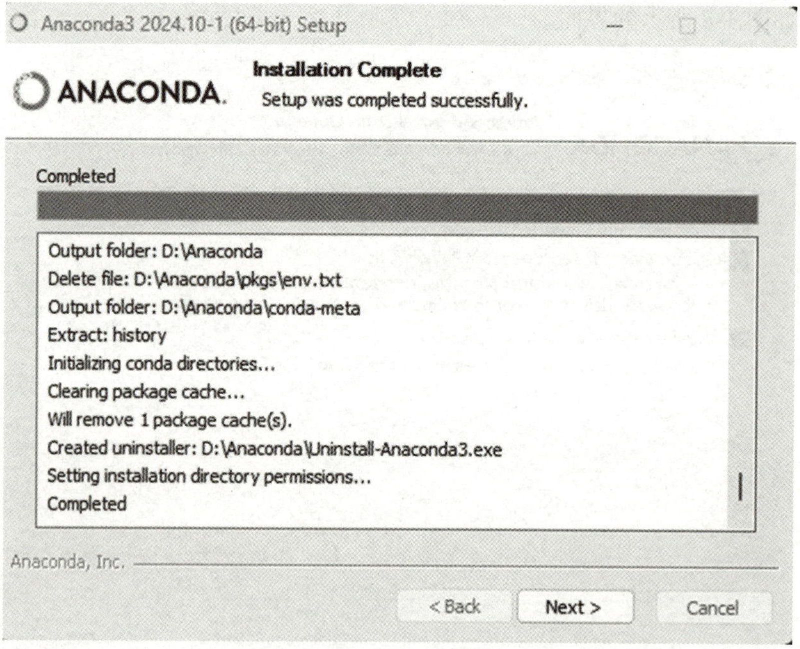


图 1-10　Anaconda 安装界面 7

单击“Next”按钮，出现如图 1-11 所示的界面。

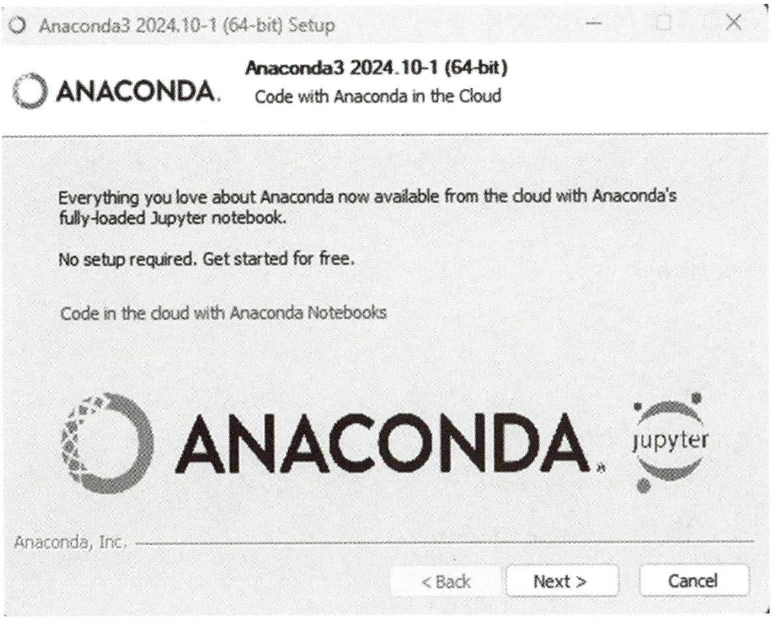


图 1-11　Anaconda 安装界面 8

单击“Next”按钮，出现如图 1-12 所示的界面。

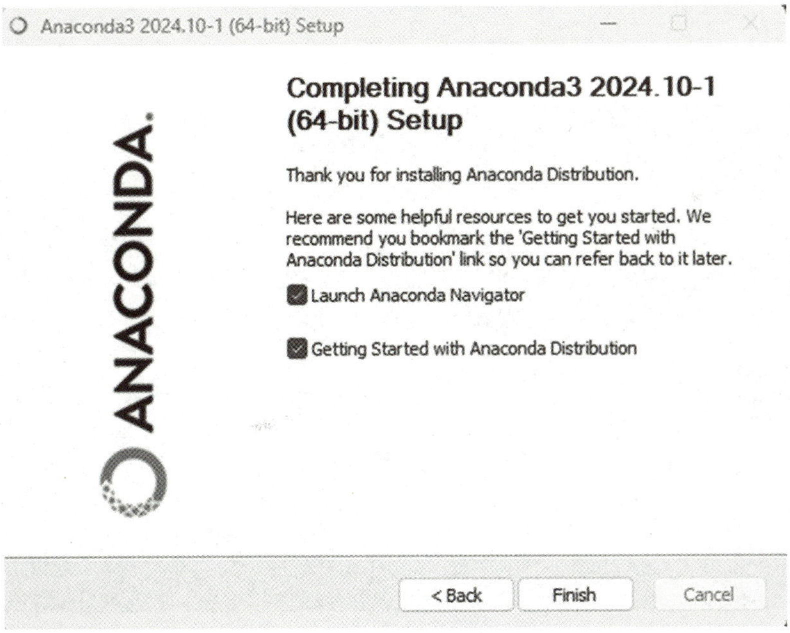


图 1-12　Anaconda 安装界面 9

单击“Finish”按钮，完成 Anaconda 的安装。

## 7. 启动 Jupyter Notebook

单击 Windows 开始按钮，如图 1-13 所示。

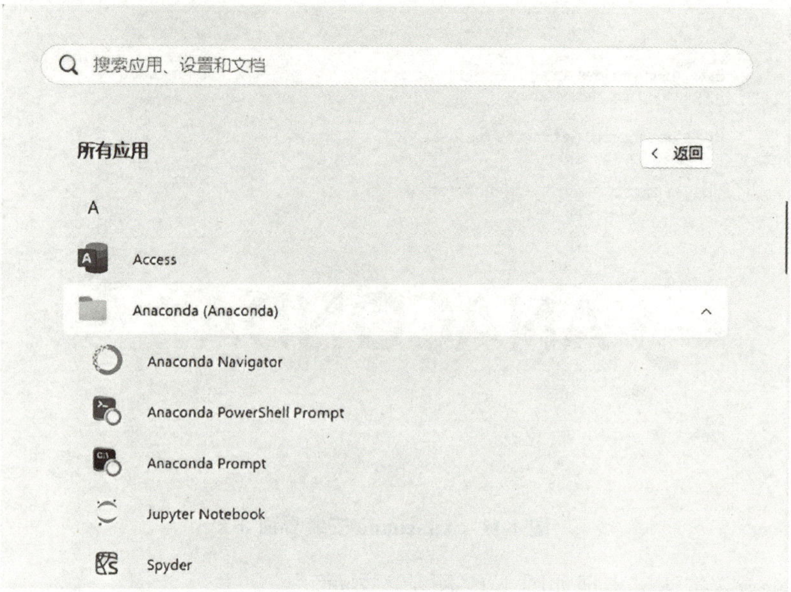


图 1-13　启动 Jupyter Notebook

单击“Jupyter Notebook”，出现的信息如图 1-14 所示。

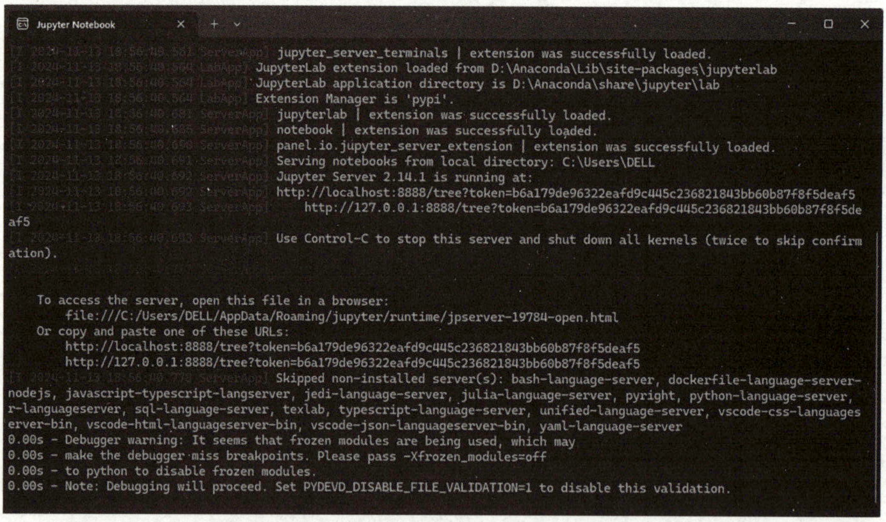


图 1-14　启动 Jupyter Notebook 的后台服务

需要注意的是，后台服务界面不能关闭。

打开 Jupyter Notebook 的浏览器，界面如图 1-15 所示。

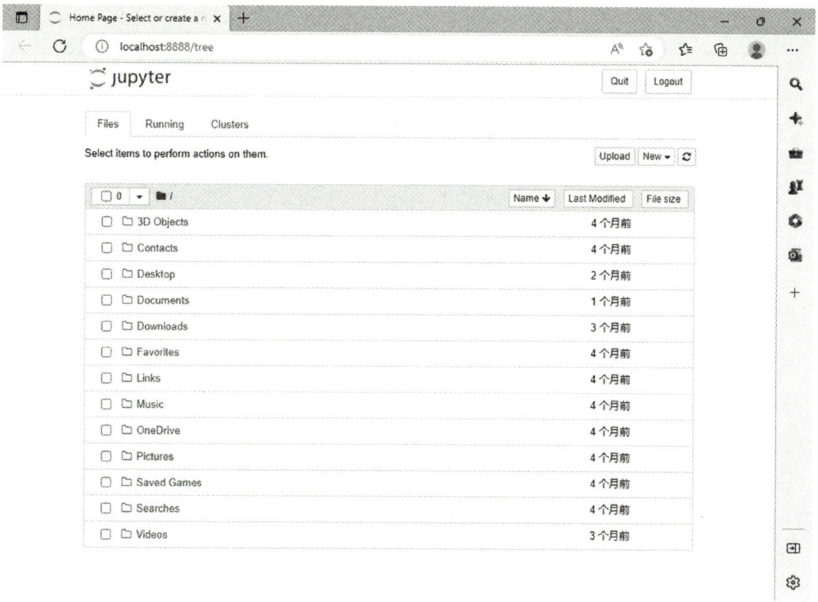


图 1-15　Jupyter Notebook 启动后的前台界面

## 8. 运行 Hello World!

单击右上方“New”的下三角按钮，出现下拉列表框，如图 1-16 所示。

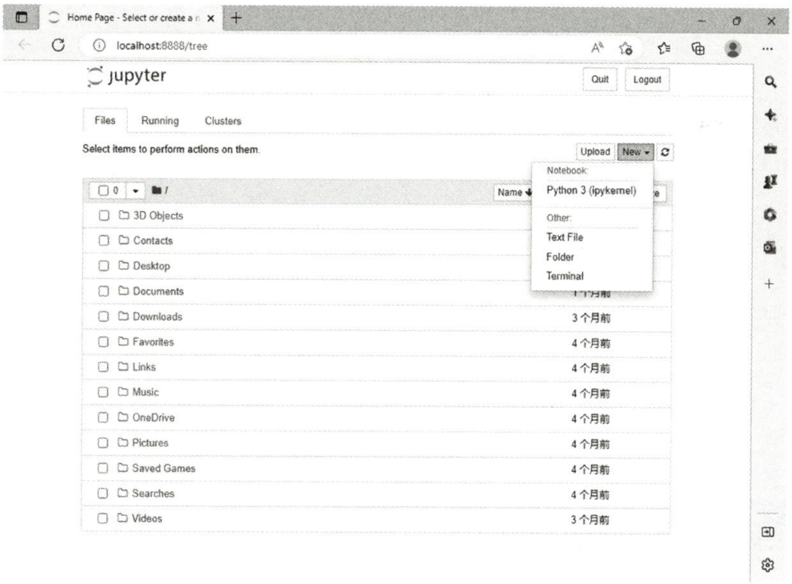


图 1-16　Jupyter Notebook 中新建 Python 文件

在下拉列表框中选择需要创作的 Jupyter Notebook 类型。其中，“Text File”为纯文本型，“Folder”为文件夹，“Python 3 (ipykernel)”表示 Python 运行脚本。单击“Python 3 (ipykernel)”，进入 Python 脚本编辑界面，如图 1-17 所示。

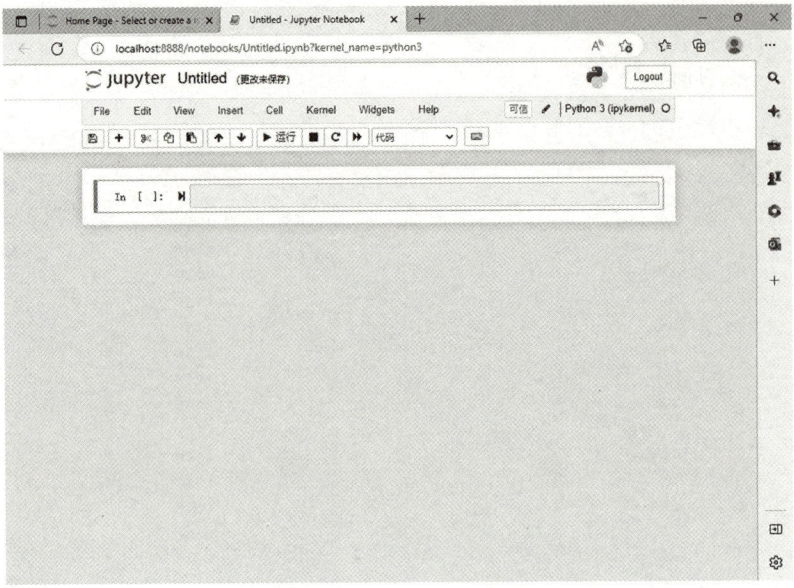


图 1-17　Jupyter Notebook 运行 Python 语句前的界面

输入“print ( "Hello World!" )”并按下“Shift + Enter”键，或者单击“运行”按钮，出现如图 1-18 所示的界面。

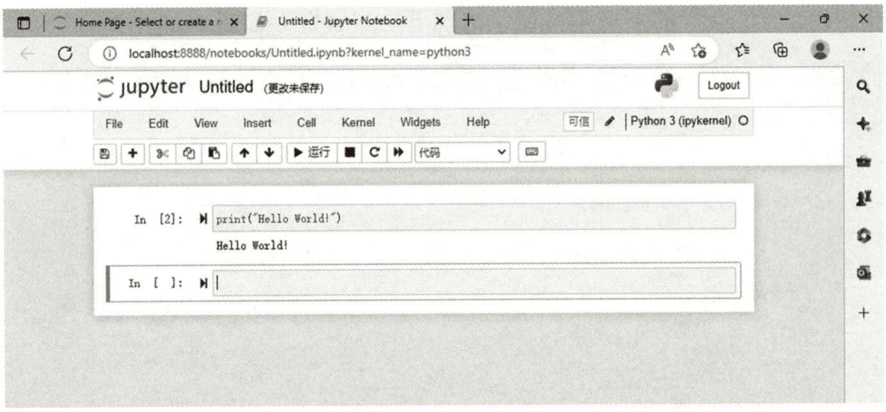


图 1-18　Jupyter Notebook 运行 Python 语句后的界面

# 1.2 变量与数据类型

知识微课堂

变量定义

## 1.2.1　变量定义

### 1. 标识符

编程语言对各种变量、方法和函数等命名时使用的字符序列称为标识符。简单地理解，标识符就是一个名字，它的主要作用就是作为变量、函数、类、模块以及其他对象的名称。

### 2. Python 标识符的命名规则

（1）Python 标识符由英文字母（大小写）、数字和下划线（_）组成。

（2）Python 标识符不能以数字开头。

（3）Python 标识符区分大小写，即对大小写敏感。

（4）Python 标识符不能包含空格、@、% 以及 $ 等特殊字符。

（5）不能以系统保留的 Python 关键字和函数名作为标识符。

（6）Python 标识符应尽量采用有意义的字符序列。

### 3. 变量定义

在 Python 中，变量是用来存储数据的容器。Python 是一种动态类型的语言，这意味着在变量声明时不需要显式指定数据类型，Python 解释器会根据赋给变量的值自动推断数据类型。

定义变量的基本语法是：变量名 = 表达式。

这里的“变量名”是标识符的名称，用于引用存储在内存中的数据。而“表达式”是一个计算过程，其结果值将被赋予左侧的变量。表达式可以是简单的值、数学运算和函数调用等。

以下是一些详细说明：

（1）变量命名规则。

1）变量名必须以字母（a-z，A-Z）或下划线（_）开头，不能以数字开头。

2）变量名可以包含字母、数字和下划线（例如：my_variable1）。

3）变量名是区分大小写的，如 myvariable 和 MyVariable 是两个不同的变量。

4）不能使用 Python 的关键字和函数名作为变量名（例如：if、else、class、return 等）。

5）Python 中变量名一般会取单词的缩写或前几个字符。

（2）赋值操作符。

赋值操作符是等号“=”，它将右侧表达式的值赋给左侧的变量名。

赋值操作符本身也是一种表达式，它的结果是赋值后变量的值。

（3）表达式。

表达式可以是单个值（例如：5、“hello”）、算术表达式（例如：2 + 3 * 4）和函数调用返回值（例如：sum ([1, 2, 3])）等。

表达式会被计算或解析成一个值，然后赋予变量。

（4）动态类型。

Python 是动态类型语言，变量不需要类型声明，类型会在运行时自动确定。

变量的类型可以在其生命周期内改变，即可以先赋一个整数值，然后再赋一个字符串值。

（5）内存管理。

在 Python 中，变量实际上是对内存中对象的引用。

当变量被赋予一个新的值时，旧的数据不再被引用，Python 的垃圾回收机制会在适当的时候清理不再使用的内存。

例如：

```
# 定义变量a，并赋值为10
a = 10
# 定义变量b，并将表达式2 + 3的结果赋值给b
b = 2 + 3
# 定义变量c，并将字符串“hello”赋值给c
c = "hello"
# 定义变量d，并调用函数max()，将结果赋值给d
d = max(1, 2, 3)
# 打印变量的值
print(a)  # 输出：10
print(b)  # 输出：5
print(c)  # 输出：hello
print(d)  # 输出：3

c = a  # 赋予一个新的与之前类型不同的值
print(c)  # 输出：10
```

在这个例子中，我们创建了四个变量 a、b、c 和 d，并分别赋予它们不同类型的值。这些值都是通过计算表达式得到的。

## 1.2.2 常用数据类型

变量在首次赋值语句出现时被定义并创建，赋值语句可以将 Python 中任何类型的数据赋值给变量，之后也可以赋值任何类型的数据，不必一定与创建时的数据类型一致。Python 中一切皆对象，数据类型也是对象，可以用下列语句打印查看 Python 的所有内置对象（数据类型）：

```
help(__builtins__)  # 给出了类的继承关系以及每个数据类型的说明
```

常用数据类型及继承关系如图 1-19 所示。可以看出，所有类型都继承于 object，bool 的基类是 int。

本教材涉及的常用数据类型见表 1-1。

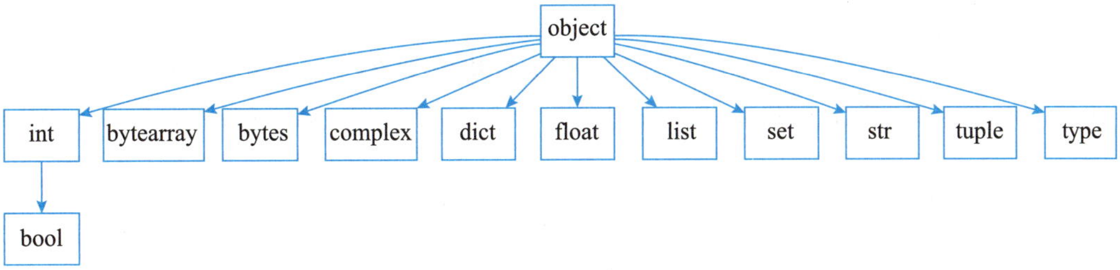


图 1-19　常用数据类型及继承关系

表 1-1　常用数据类型

| 数据类型 | 具体类型名 | 示例 |
|---|---|---|
| Number（数字） | 整型（int） | `50` |
| | 布尔型（bool） | `True, False` |
| | 浮点型（float） | `3.14` |
| | 复数（complex） | `4+3j` |
| Sequence（序列） | 字符串（str） | `'hello', "world", '''you''', """ 中国 """` |
| | 列表（list） | `['you', [1,"hello"],5]` |
| | 元组（tuple） | `(1, 2, 3)` |
| Set（集合） | 集合（set） | `{1, 2, 3}` |
| Dictionary（字典） | 字典（dict） | `{'one'=1,'two'=2}` |

## 1. Number（数字）

知识微课堂

常用数据类型——数字型

Python 3 支持整型（int）、布尔型（bool）、浮点型（float）、复数（complex）四种数字型。

（1）整型（int）通常被称为整型或整数，是正或负整数，不带小数点。Python 3 的整型是没有大小限制的。Python 支持其他进制的整数，但无论用哪种进制表示，输出结果都为十进制。

十进制：不能以 0 开头，除非是数字 0 本身；

二进制：以 0b 或 OB 开头；

八进制：以 0o 或 0O 开头；

十六进制：以 0x 或 0X 开头。

（2）布尔型（bool）是整型（int）的特殊子类型，只有 True 和 False 两个值。

（3）浮点型（float）由整数部分与小数部分组成。浮点型也可以使用科学计数法表示，如 $0.35e3 = 0.35 \times 10^3 = 350.0$。

（4）复数（complex）由实数部分和虚数部分构成，可以用 a + bj 或者 complex (a, b) 表示，其中 a 是实部，b 是虚部，j 表示虚数单位，如 3 + 4j 或 complex(3,4)，复数的实部和虚部都是浮点型。

有时候，需要对数据内置的类型进行转换。Python 数据类型转换涉及将一个数据类型转换为另一个数据类型，这可以通过使用内置的转换函数来实现，即将数据类型作为函数名即可。

int(x) 将 x 转换为一个整数。

float(x) 将 x 转换为一个浮点数。

complex(x) 将 x 转换为一个复数，实数部分为 x，虚数部分为 0。

complex(x, y) 将 x 和 y 转换为一个复数，实数部分为 x，虚数部分为 y，其中，x 和 y 是数字表达式。

## 2. Sequence（序列）

序列是 Python 中一种基本的数据结构，它可以容纳多个元素。Python 中的序列分为可变和不可变两种类型。常见的序列类型包括字符串（str）、列表（list）和元组（tuple），具体的序列类型的划分如图 1-20 所示。

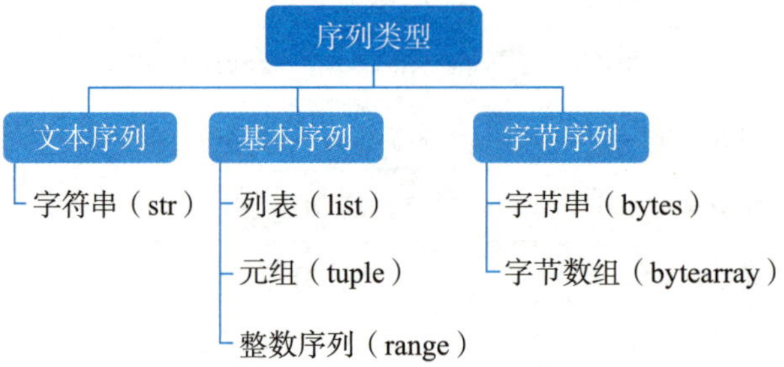


**图 1-20　序列类型**

序列类型不包括集合（set）和字典（dict）。字节序列本书不赘述。

**小提示**

Sequence 的意思为序列、顺序、次序、一系列和一连串。因此，序列（Sequence）体现了顺序和一连串。

顺序表示可以用次序号即索引访问数据，一连串表示可以有多个元素。

集合和字典是没有顺序的，不能用次序号访问数据，所以不能归纳到序列中。

（1）常用序列。

1）字符串（str）。

字符串是由字符组成的不可变序列。

创建字符串：可以使用单引号或双引号包围，例如：`name = 'Alice'` 或 `greeting = "Hello, world!"`。

转义字符：使用反斜杠（\）来表示特殊字符，如换行符（\n）或制表符（\t）。常用的转义字符见表 1-2。

表 1-2　常用的转义字符

| 转义字符 | 含义 |
|---|---|
| \（在行尾时） | 续行符 |
| \ | 反斜杠符 |
| \' | 单引号 |
| \" | 双引号 |
| \n | 换行 |
| \t | 横向制表符 |

2）列表（list）。

列表是可变序列，可以存储不同类型的元素。

创建列表：使用方括号，例如：numbers = [1, 2, 3, 4]。

列表操作：可以添加、修改或删除元素，例如：numbers.append(5) 表示添加元素 5，numbers[0] = 10 表示修改元素，即将 numbers 的第 0 项元素修改为 10。

3）元组（tuple）。

元组是不可变序列，一旦创建就不能修改。

创建元组：使用圆括号，例如：coordinates = (10.0, 20.5)。

元组通常用于保护数据不被改变。

4）整数序列（range）。

range() 函数返回一个数字序列，默认情况下从 0 开始，并递增为 1（默认），并以指定的数字结束（不包括该数字）。

例如：range(10) 不是指 0 到 10，而是指 0 到 9。

range() 函数默认 0 为起始值，也可以通过添加参数来指定起始值，如 range(2, 10, 2)，表示值为 2, 4, 6, 8，不包括 10。

（2）序列常见操作。

序列常见操作如图 1-21 所示。

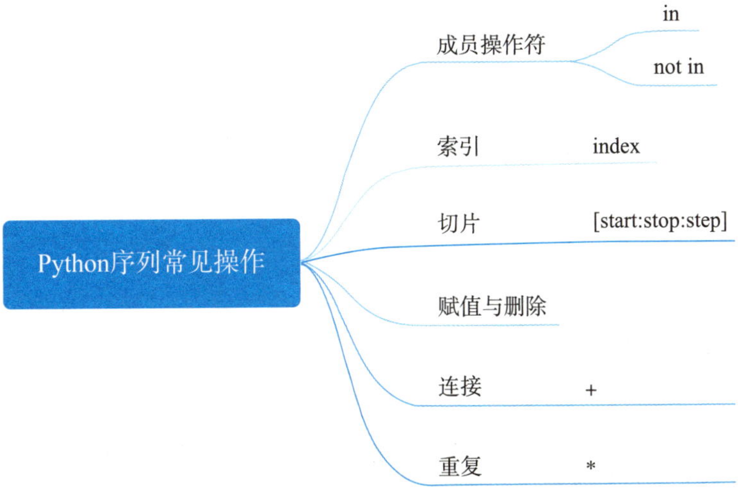


图 1-21　序列常见操作

以下示例以序列中的一种进行讲解。

1）成员操作符（in 和 not in）。

```
print (30 in ['10','20','30']) # 表达式值为 False
```

2）索引（index）。

```
L=['10','20','30'] # 变量赋值
print (L[0], L[-1]) # 表达式值为10, 30
```

索引下标：

| | | | | | | | | | | | |
|---|---|---|---|---|---|---|---|---|---|---|---|
| 从左往右下标 | 0 | 1 | 2 | 3 | 4 | 5 | 6 | 7 | 8 | 9 | 10 |
| 序列 | h | e | l | l | o | | w | o | r | l | d |
| 从右往左下标 | -11 | -10 | -9 | -8 | -7 | -6 | -5 | -4 | -3 | -2 | -1 |

```
L=['10','20','30'] # 变量赋值
L[0]==L[-3] # 表达式值为 True
```

3）切片（[start:stop:step]）。

```
t=tuple(range(30)) # 变量赋值
# 从下标0开始，取值到下标5截止（不含下标5），一个挨着一个取
print(t[0:5:1]) # 表达式值为 (0, 1, 2, 3, 4)
# 从下标0开始，取值到下标7截止（不含下标7），取一个隔一个再取
print(t[0:7:2]) # 表达式值为 (0, 2, 4, 6)
# 从下标-1(最后一个)开始，取值到下标-11截止(不含下标-11)，从右往左一个挨着
一个取
print(t[-1:-11:-1]) # 表达式值为 (29, 28, 27, 26, 25, 24, 23, 22, 21, 20)
# 从下标 -1( 最后一个 ) 开始取值到下标 -11 截止（不含 -11），从右往左取一个隔一
个再取
t[-1:-11:-2] # 表达式值为 (29, 27, 25, 23, 21)
```

4）赋值与删除。

赋值操作主要有单个赋值和切片赋值，删除操作主要有单个删除和切片删除。这些操作只能用于可变序列，这里为列表。

```
# 生成1,2,...,20的列表
var_list=list(range(1,21))
# 输出列表的值和列表地址
print(var_list,'\n',id(var_list))
# 输出 [1, 2, 3, 4, 5, 6, 7, 8, 9, 10, 11, 12, 13, 14, 15, 16, 17, 18,
19, 20]
```

```
# 输出 1329685815488，读者输出的数与本教材不一致，但后续经过赋值与删除处理，该数值保持相应一致
# 给下标是1的元素赋值
var_list[1]=200
# 输出列表的值和列表地址
print(var_list,'\n',id(var_list))
# 输出 [1, 200, 3, 4, 5, 6, 7, 8, 9, 10, 11, 12, 13, 14, 15, 16, 17, 18, 19, 20]
# 输出 1329685815488
# 给下标是1、3、5的元素赋值
var_list[1:6:2]=200,201,202
# 输出列表的值和列表地址
print(var_list,'\n',id(var_list))
# 输出 [1, 200, 3, 201, 5, 202, 7, 8, 9, 10, 11, 12, 13, 14, 15, 16, 17, 18, 19, 20]
# 输出 1329685815488
# 删除下标是5的元素赋值
del var_list[5]
print(var_list,'\n', id(var_list))
# 输出 [1, 200, 3, 201, 5, 7, 8, 9, 10, 11, 12, 13, 14, 15, 16, 17, 18, 19, 20]
# 输出 1329685815488
# 删除下标是1,3的元素赋值
del var_list[1:4:2]
print(var_list,'\n',id(var_list))
# 输出 [1, 3, 5, 7, 8, 9, 10, 11, 12, 13, 14, 15, 16, 17, 18, 19, 20]
# 输出 1329685815488
```

列表 var_list 经过各种操作后，id(var_list) 地址保持一致。

5）连接（+）。

```
list_1,list_2=[1,2,3],[4,5,6]
tuple_1,tuple_2=(1,2,3),(4,5,6)
print(list_1+list_2,tuple_1+tuple_2) # 表达式的值为 ([1, 2, 3, 4, 5, 6], (1, 2, 3, 4, 5, 6))
print(list_1+tuple_1) # 类型不同，连接报错，TypeError: can only concatenate list (not "tuple") to list
```

range() 函数不支持连接（+）运算。

6）重复（*）。

```
tuple_1=(1,2,3)
print(tuple_1*3) # 表达式值为 (1, 2, 3, 1, 2, 3, 1, 2, 3)
```

range() 函数不支持重复（*）运算。

（3）序列常用内置函数。

内置函数（Built-in Functions）是 Python 解释器直接提供的，不需要导入任何模块即可直接使用。

Python 提供了很多内置函数，下面仅介绍作用于 Python 序列的 4 个内置函数：min()，max()，len()，sum()。

1）min()/max() 返回序列中的最小值 / 最大值。

```
var_list=[10, 20, 30, 40, 50]
var_range=range(10,60,10)
var_str='abcdef'
# type(min)为built-in_function_or_method，表明min是内置函数
print(min(var_list), min(var_range),min(var_str)) # 表达式值为10, 10, a
# type(max)为built-in_function_or_method，表明max是内置函数
print(max(var_list), max(var_range),max(var_str)) # 表达式值为50, 50, f
```

2）len() 返回序列的长度。

```
var_list=[10, 20, 30, 40, 50]
var_range=range(10,60,10)
var_str='abcdef'
# type(len)为built-in_function_or_method，表明len是内置函数
print(len(var_list),len(var_range),len(var_str)) # 表达式值为5, 5, 6
```

3）sum() 返回列表元素的和。

```
var_list=[10, 20, 30, 40, 50]
print(sum(var_list)) # 表达式值为 150
```

（4）Python 序列常用方法。

假设 var_list=[10, 20, 30, 40, 50]，而 var_list.index(20) 中的 index() 函数则是列表的一个方法（Method）。这是因为这个函数是作为列表对象的一部分提供的，需要通过列表对象来调用。在 Python 中，方法是与对象关联的函数，它们可以访问和操作对象的内部数据。

列表的常用方法主要有 count()、index()、append()、clear()、copy()、inert()、pop()、remove() 和 reverse() 等。

1）count 方法。

count() 返回指定元素在序列中出现的次数，若没有出现，则返回 0。

```
var_list=[10, 20, 30, 40, 50]
var_range=range(10,60,10)
var_str='abcdef'
print(var_list.count(22),var_range.count(20),var_str.count('e')) # 表达式值为0, 1, 1
```

2）index 方法。

index() 返回指定元素首次在序列中出现的位置下标，若没有，则报 ValueError 错误。

```
var_list=[10, 20, 30, 40, 50]
var_range=range(10,60,10)
var_str='abcdef'
print(var_list.index(20),var_range.index(20),var_str.index('e')) # 表达式值为1, 1, 4
print(var_list.index(22)) # 报错, ValueError: 22 is not in list
```

str 类型还提供了 find()，与 index() 的不同之处在于元素不在字符串中时，index() 报错，find() 不报错，返回 –1。

3）append 方法。

append() 将元素附加到给定列表的末尾，extend() 用另一序列扩展给定序列。

```
L1,L2,L3=list(range(1,4)),list(range(1,4)),list(range(1,4))
L1.append(L2) # L2被当作一个元素附加到L1
L3.extend(L2) # L2被扩展到L3
print(len(L1),L1) # 输出 4 [1, 2, 3, [1, 2, 3]]
print(len(L2),L2) # 输出 3 [1, 2, 3]
print(len(L3),L3) # 输出 6 [1, 2, 3, 1, 2, 3]
```

4）clear 方法。

clear() 清除序列的内容并返回空序列。

```
L1=[1,2,3]
print(id(L1),L1) # 输出 2130994404160 [1, 2, 3]
L1.clear()
print(id(L1),L1) # 输出 2130994404160 []
```

5）copy 方法。

copy() 创建给定序列的浅拷贝。

```
L1=[1,2,[3,4]]
L2=L1.copy() # 创建给定序列的浅拷贝
L2[0]=10 # 不会影响L1
L2[2][0]=30 # 会影响L1
print('L1={}\nL2={}'.format(L1,L2))
# 输出 L1=[1, 2, [30, 4]]
# 输出 L2=[10, 2, [30, 4]]
```

6）insert 方法。

insert() 在序列中的指定索引位置插入一个元素。

```
L1=[1,2,4]
L1.insert(2,3) # 在索引2位置插入元素3
print(L1)
# 输出 [1, 2, 3, 4]
```

7）pop 方法。

pop() 从给定的索引位置移除并返回一个元素。如果未指定索引，则默认从序列中删除最后一个元素。

```
L1 = [1,2,1,3,4,5]
# 未指定索引，则默认从序列中删除最后一个元素并返回这个元素
print(L1.pop()) # 输出 5
print(L1) # 输出 [1, 2, 1, 3, 4]
# 从给定的索引1位置移除并返回这个元素，值为2
print(L1.pop(1)) # 输出 2
print(L1) # 输出 [1, 1, 3, 4]
```

8）remove 方法。

remove() 从给定序列中删除第一次出现的元素。

```
L1 = [1,2,1,3,4,5]
# 从给定的序列中删除第一次出现的元素，无返回值
print(L1.remove(1)) # 输出 None
print(L1) # 输出 [2, 1, 3, 4, 5]
```

9）reverse 方法。

reverse() 反转序列中的元素。

```
L1 = [1,2,1,3,4,5]
# reverse()无返回值
```

```
print(L1.reverse()) # 输出 None
print(L1) # 输出 [5, 4, 3, 1, 2, 1]
L1 = [1,2,1,3,4,5]
# 切片只生成副本，不改变原来的值
print(L1[::-1]) # 输出 [5, 4, 3, 1, 2, 1]
print(L1) # 输出 [1, 2, 1, 3, 4, 5]
```

（5）Python 不可变序列与可变序列。

在 Python 中，根据对象是否可以在其生命周期中改变，数据类型分为可变类型和不可变类型。这种分类也适用于序列类型，分为可变序列和不可变序列。

1）不可变序列。

不可变序列的特点是一旦创建了序列，序列中的元素就不能被修改。常见的不可变序列包括：

字符串（str）：一旦创建，字符串中的字符就不能被改变。

元组（tuple）：一旦创建，其中的元素就不能被修改。

整数序列（range）：range 生成的是一个不可变的数值序列，通常用于循环中。

尝试修改这些不可变序列中的元素会导致 Python 抛出异常。

2）可变序列。

可变序列允许在其生命周期中修改序列内容，包括添加、删除和修改元素。常见的可变序列包括：

列表（list）：列表的元素可以被修改，可以添加新元素和删除现有元素。

字节数组（bytearray）：一种类似于字节串（bytes）的类型，但是可以修改。

这些类型的对象具备灵活的操作方式，可以根据需求改变其结构或内容。

### 3. Set（集合）

知识微课堂

常用数据类型——集合与字典

在 Python 中，set（集合）的基本操作有创建、添加元素、删除元素、交集、并集、差集、对称差集运算。

（1）创建集合。

创建空集合语句：s=set()。注意：s={} 是创建空字典而不是空集合。

创建非空集合示例：s={'庄国强','Hello Python'}。

（2）向 set（集合）中添加元素。

向 set（集合）中添加元素，可以使用 set 类型提供的 add() 方法实现，该方法的语法格式为：

```
setname.add(element)
```

其中，setname 表示要添加元素的集合，element 表示要添加的元素内容。

例如：

```
a = {1,2,3}
a.add((1,2))
```

```
a = {1,2,3}
a.add((1,2))
print(a) # 输出 {(1, 2), 1, 2, 3}
a.add([1,2]) # 报错, TypeError: unhashable type:'list'
```

需要注意的是，使用 add() 方法添加的元素，只能是数字、字符串、元组或布尔类型（True 和 False）值，不能添加列表、字典、集合这类可变的数据，否则 Python 解释器会报 TypeError 错误。

（3）从 set（集合）中删除元素。

删除现有 set（集合）中的指定元素，可以使用 remove() 方法，该方法的语法格式如下：

```
setname.remove(element)
```

使用此方法可以删除集合中的元素。需要注意的是，如果被删除元素本身就不包含在集合中，则此方法会抛出 KeyError 错误。

（4）set 交集、并集、差集、对称差集运算。

集合运算如图 1-22 所示。

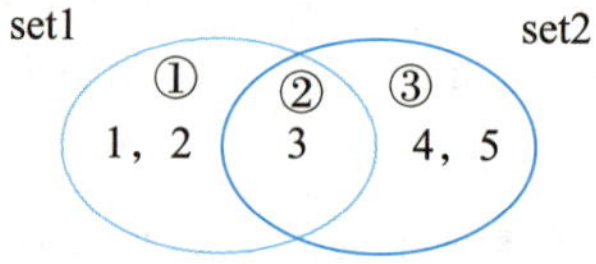


图 1-22　set 交集、并集、差集、对称差集

图 1-22 中，有 2 个集合，分别为 set1={1,2,3} 和 set2={3,4,5}，它们既有相同的元素，也有不同的元素。以这两个集合为例，不同运算的结果见表 1-3。

表 1-3　set 交集、并集、差集、对称差集

| 运算操作 | 运算符 | 含义 | 示例 |
|---|---|---|---|
| 交集 | & | 取两个集合公共的元素 | print(set1 & set2), # 输出 {3} |
| 并集 | \| | 取两个集合全部的元素 | print(set1 \| set2), # 输出 {1,2,3,4,5} |
| 差集 | - | 取一个集合中另一集合没有的元素 | print(set1 - set2), # 输出 {1,2}<br>print(set2 - set1), # 输出 {4,5} |
| 对称差集 | ^ | 取集合 A 和 B 中不属于 A&B 的元素 | print(set1 ^ set2), # 输出 {1,2,4,5} |

集合中元素具有确定性、互异性和无序性三大特征。

1）确定性：集合中的元素是确定的，即任何一个对象都说明它是或者不是某个集合中的元素，两种情况必居其一且仅居其一，不会模棱两可，可以用 in 或 not in 来判断某个元素是否在集合中。

2）互异性：在一个给定的集合中，元素互不相同，也就是在同一集合中不能出现相同的元素，可以将序列转成集合来完成去重。

3）无序性：集合中的元素，不分先后，没有顺序。例如，{1，2，3} 与 {3，2，1} 是

相同的集合，也是相等的，因此不能用次序号，即索引进行元素访问。

### 4. Dictionary（字典）

在 Python 中，字典（dict）是一种无序的、可变的序列，它的元素以键值对（key-value pairs）的形式存储。相对地，列表（list）和元组（tuple）都是有序的序列，它们的元素在底层是挨着存放的。

字典是 Python 中最常见和最直接的映射类型实现。“映射”是数学中的术语，简单理解，它指的是元素之间相互对应的关系，即通过一个元素可以唯一找到另一个元素。

字典中，习惯将各元素对应的索引称为键（key），键对应的元素称为值（value），键及其关联的值称为键值对。

（1）创建字典。

创建空字典语句：`empty_dict = {}` 或 `empty_dict = dict()`。

创建非空字典示例：

字典的每个键值对 key:value 用冒号“:”分割，且每个键值对之间用逗号“,”分割，整个字典包含在花括号 {} 中，格式如下：

```
d = {key1:value1, key2:value2, key3:value3}
```

或者使用 dict() 创建非空字典：

```
d = dict(name='zgq', gender=True, age=50)
```

（2）添加或修改键值对。

```
dictname[key] = value
```

dictname 表示字典名称，key 表示键，value 表示值。这些键和值可以是 Python 支持的任何数据类型。

如果字典的键中没有 key，则为字典添加新的键值对。

如果字典的键中有 key，则修改对应的键的值。

（3）删除键值对。

如果要删除字典中的键值对，则可以使用 del() 语句。

```
a = {'数学': 95, '语文': 89, '英语': 90}
print(a) # 输出 {'数学': 95, '语文': 89, '英语': 90}
del a['语文']
print(a) # 输出 {'数学': 95, '英语': 90}
```

（4）in 或 not in 运算符。

如果要判断字典中是否存在指定键值对，那么首先应判断字典中是否有对应的键。判断字典是否包含指定键值对的键，可以使用 in 或 not in 运算符。对于 dict 而言，in 或 not in 运算符都是基于 key 来判断的。

```
a = {'数学': 95, '语文': 89, '英语': 90}
print('数学' in a) # True
print('物理' in a) # False
```

# 1.3 Python 语句

在 Python 编程中，语句是编程语言的基础构成单元，它们指导计算机执行各种操作。Python 语句可以分为以下几大类：

赋值语句：用于创建变量并给它们赋值或重新赋值。

表达式语句：执行计算并可能引起副作用，如打印或修改变量。

条件语句：根据条件执行不同的代码路径。

循环语句：重复执行代码块直到满足终止条件。

跳转语句：改变代码的执行流程，如退出循环或跳过迭代。

异常处理语句：捕获异常并进行处理。

函数定义与函数调用语句：定义函数并在需要时调用。

类定义与使用语句：定义类并创建实例对象。

导入语句：引入其他模块的功能。

声明语句：声明变量的作用域，如全局变量或起封闭作用的域变量。

上下文管理语句：管理资源的获取与释放，如文件操作。

## 1.3.1 赋值语句

知识微课堂

赋值语句

赋值语句是 Python 编程中最常见的语句之一。它由变量名、赋值运算符和一个表达式组成。赋值运算符包括基本赋值运算符和复合赋值运算符。

### 1. 基本赋值运算符

基本赋值运算符主要用一个等号（=）表示，用于将右侧表达式的值赋给左侧的变量。在 Python 中，当变量首次出现在基本赋值运算符的左边时，它就被创建并被赋予给定的值。

例如：

```
x = 10  # 创建变量x并赋值为10
y, z = 'hello', 'world' # 同时创建变量y和z，并分别赋值为“hello”和“world”
```

在连续赋值语句中，Python 的赋值运算符是右结合的，即连续赋值语句的赋值过程是通过从右到左依次赋值来实现。例如 x = y = z = 1，首先执行 z = 1，然后执行 y = z，最后执行 x = y，最终 x、y 和 z 都被赋值为 1。

### 2. 复合赋值运算符

常见的复合赋值运算符见表 1-4。

表 1-4 复合赋值运算符

| 运算符 | 说明 | 用法举例 | 等价形式 |
|---|---|---|---|
| = | 最基本的赋值运算 | x = y | x = y |
| += | 加法赋值运算 | x += y | x = x + (y) |
| −= | 减法赋值运算 | x −= y | x = x − (y) |
| *= | 乘法赋值运算 | x *= y | x = x * (y) |
| /= | 除法赋值运算 | x /= y | x = x / (y) |
| %= | 取模赋值运算 | x %= y | x = x % (y) |
| **= | 幂赋值运算 | x **= y | x = x ** (y) |
| //= | 取整除赋值运算 | x //= y | x = x // (y) |
| &= | 按位与赋值运算 | x &= y | x = x & (y) |
| \|= | 按位或赋值运算 | x \|= y | x = x \| (y) |
| ^= | 按位异或赋值运算 | x ^= y | x = x ^ (y) |
| <<= | 左移赋值运算 | x <<= y | x = x << (y)，这里的 y 指的是左移的位数 |
| >>= | 右移赋值运算 | x >>= y | x = x >> (y)，这里的 y 指的是右移的位数 |

例如：

```
x += 5  # 等同于 x = x + 5
y *= 2 + 3  # 等同于 y = y * (2 + 3)
```

复合赋值运算符没有结合性，因为它们只能应用于一个变量。例如，表达式 x += y += z 在 Python 中是非法的。

## 1.3.2 表达式语句

表达式是运算符和操作数的组合。在任何编程语言中，表达式都是根据其运算符的优先级来计算的。因此，如果表达式中有多个运算符，它们的优先级将决定首先执行哪个操作。Python 中有许多不同类型的表达式。

### 1. 算术表达式

算术表达式是算术运算符和操作数的组合。算术运算符包括加法（+）、减法（–）、乘法（*）、除法（/）、取模（%）、向下取整（//）和 **（指数）。算术运算符见表 1-5。

表 1-5 算术运算符

| 运算符 | 描述 | 示例 |
|---|---|---|
| +（加法） | 它用于两个操作数相加 | 例如：a = 20，b = 10 => a + b = 30 |
| −（减法） | 它用于从第一个操作数中减去第二个操作数。如果第一个操作数小于第二个操作数，则结果为负值 | 例如：a = 20，b = 10 => a − b = 10 |
| *（乘法） | 它用于将一个操作数与另一个操作数相乘 | 例如：a = 20，b = 10 => a * b = 200 |
| /（除法） | 它在将第一个操作数除以第二个操作数后返回商 | 例如：a = 20，b = 10 => a / b = 2 |
| %（取模） | 它在将第一个操作数除以第二个操作数后返回余数 | 例如：a = 20，b = 10 => a % b = 0 |
| //（向下取整） | 它给出了通过两个操作数产生的商并进行向下取整 | 例如：9//2=4；−9//2=−5 |
| **（指数） | 它是一个指数运算符，表示计算第一个操作数与自身相乘的次数（第二个操作数的值） | 例如：10**20 为 10 的 20 次方，输出结果 100000000000000000000 |

## 2. 比较运算符

比较运算符用于比较两个操作数的值，并相应地返回布尔值 True 或 False。比较运算符见表 1-6。

表 1-6 比较运算符

| 运算符 | 描述 | 示例 (a,b=10,20) |
|---|---|---|
| ==（等于） | 如果两个操作数的值相等，则条件为真 | (a == b) 返回 False |
| !=(不等于) | 如果两个操作数的值不相等，则条件为真 | (a != b) 返回 True |
| <=（小于等于） | 如果第一个操作数小于或等于第二个操作数，则条件为真 | (a <= b) 返回 True |
| >=（大于等于） | 如果第一个操作数大于或等于第二个操作数，则条件为真 | (a >= b) 返回 False |
| >（大于） | 如果第一个操作数大于第二个操作数，则条件为真 | (a > b) 返回 False |
| <（小于） | 如果第一个操作数小于第二个操作数，则条件为真 | (a < b) 返回 True |

## 3. 逻辑运算符

逻辑运算符主要用于对表达式求值以做出决策。逻辑运算符见表 1-7。

表 1-7 逻辑运算符

| 运算符 | 描述 | 示例 (a,b=10,20) |
|---|---|---|
| and（逻辑与运算符） | 如果表达式都为真（非 0 或 True），则结果为真，为 and 右边的表达式的值，否则结果为假 | (a and b) 返回 20 |
| or（逻辑或运算符） | 如果其中至少有一个表达式为真（非 0 或 True），则结果为真，为 or 左边的值。只有当所有表达式都为假时，结果才为假 | (a or b) 返回 10 |
| not（逻辑非运算符） | 如果表达式 a 为真（非 0 或 True），则 not a 为假，反之亦然 | not a 返回 False |

### 4. 运算符优先级

运算符的优先级决定表达式具体部分的运算顺序。Python 运算符优先级和结合性见表 1-8。

表 1-8 Python 运算符优先级和结合性一览表

| 运算符 | Python 运算符 | 优先级 | 结合性 |
|---|---|---|---|
| 小括号 | ( ) | 19 | 无 |
| 索引运算符 | x[i] 或 x[i1: i2 [:i3]] | 18 | 左 |
| 属性访问 | x.attribute | 17 | 左 |
| 乘方 | ** | 16 | 右 |
| 按位取反 | ~ | 15 | 右 |
| 符号运算符 | +（正号）、-（负号） | 14 | 右 |
| 乘、除、取整、取模 | *、/、//、% | 13 | 左 |
| 加减 | +、- | 12 | 左 |
| 位移 | >>、<< | 11 | 左 |
| 按位与 | & | 10 | 右 |
| 按位异或 | ^ | 9 | 左 |
| 按位或 | \| | 8 | 左 |
| 比较运算符 | ==、!=、>、>=、<、<= | 7 | 左 |
| 身份运算符 | is、is not | 6 | 左 |
| 成员运算符 | in、not in | 5 | 左 |
| 逻辑非 | not | 4 | 右 |
| 逻辑与 | and | 3 | 左 |
| 逻辑或 | or | 2 | 左 |
| 逗号运算符 | exp1, exp2 | 1 | 左 |

## 1.3.3 条件语句

知识微课堂

条件与循环语句

在 Python 中，条件语句取决于给定条件是真还是假，可以根据条件的结果执行不同的代码块。条件语句的计算结果总是 True 或 False。

条件语句的基本形式为 if-else 语句，具体的条件语句见表 1-9。

**表 1-9 Python 条件语句**

| 语句 | 语法 | 示例 |
|---|---|---|
| if 语句 | if 条件:<br>  语句块 | r=int(input('请输入圆的半径'))<br>if r > 0:<br>    print(f'半径为{r}的圆的面积为{π * r * r}')<br>请输入圆的半径2<br>半径为2的圆的面积为4π |
| if-else 语句 | if 条件:<br>  语句块 1<br>else :<br>  语句块 2 | password = input('请输入密码')<br>if password == '123456':<br>    print('密码正确')<br>else:<br>    print('密码错误')<br>请输入密码 123456<br>密码正确 |
| if-elif-else 语句 | if 条件 1 :<br>  语句块 1<br>elif 条件 2 :<br>  语句块 2<br>elif 条件 3 :<br>  语句块 3<br>......<br>else :<br>  语句块 n | score=int(input('输入成绩'))<br>if score >= 90:<br>    print('优秀')<br>elif score >= 80:<br>    print('良好')<br>elif score >= 70:<br>    print('中等')<br>elif score >= 60:<br>    print('及格')<br>else:<br>    print('不及格')<br>输入成绩75<br>中等 |

续表

| 语句 | 语法 | 示例 |
|---|---|---|
| if 嵌套语句 | if 外层条件：<br>　if 内层条件：<br>　　内层 if 语句块<br>　else ：<br>　　内层 else 语句块<br>　外层 if 语句块<br>else ：<br>　外层 else 语句块 | n1 = int(input('输入第一个整数:'))<br>n2 = int(input('输入第二个整数:'))<br>if n1 >= n2:<br>　　if n1 == n2:<br>　　　　print(n1, '和', n2, '相等')<br>　　else:<br>　　　　print(n1, '大于', n2)<br>else:<br>　　print(n1, '小于', n2)<br><br>输入第一个整数:50<br>输入第二个整数:50<br>50 和 50 相等 |

## 1.3.4　循环语句

Python 中的循环语句主要有两种：for 循环和 while 循环。具体的循环语句见表 1-10。

表 1-10　循环语句

| 语句 | 语法 | 示例 |
|---|---|---|
| for 循环 | for 迭代变量 in 序列：<br>　语句 | # 输出100-200之间的素数，每行输出8个<br>count = 0<br>for i in range(100,200):<br>　　isprime = True<br>　　for j in range(2,int(i ** 0.5) + 1):<br>　　　　if i%j == 0:<br>　　　　　　isprime = False<br>　　　　　　break;<br>　　if isprime:<br>　　　　print(f'{i}',end = '\t')<br>　　　　count += 1<br>　　　　if(count % 8 == 0):<br>　　　　　　print()<br><br>101　103　107　109　113　127　131　137<br>139　149　151　157　163　167　173　179<br>181　191　193　197　199 |

续表

| 语句 | 语法 | 示例 |
| --- | --- | --- |
| while 循环 | while 条件:<br>  语句 | # 求正整数m和n的最大公约数<br>m = int(input('输入第一个正整数:'))<br>n = int(input('输入第二个正整数:'))<br>a,b = m,n<br>if not (m > 0 and n > 0):<br>    print('输入的不全是正整数。')<br>else:<br>    while m % n != 0:<br>        m,n = n,m % n<br>    print(f'{a}和{b}的最大公约数为 {n}。')<br>输入第一个正整数:35<br>输入第二个正整数:49<br>35和49的最大公约数为7。 |

## 1.3.5 跳转语句

break 语句用于立即终止循环语句。例如：

```
for i in range(10):
    if i == 5:
        break  # 当i等于5时退出循环
    print(i)  # 只会打印0到4
```

continue 语句用于跳过当前循环的剩余代码，然后继续下一次循环。例如：

```
for i in range(10):
    if i % 2 == 0:
        continue  # 跳过偶数打印
    print(i)  # 只会打印出1, 3, 5, 7, 9
```

return 语句用于从函数返回一个值。例如：

```
def get_positive(x):
    if x > 0:
        return x  # 返回正数x
    else:
        return 0  # 非正数返回0
```

pass 语句是一个空语句，是为了保持程序结构的完整性。pass 语句什么也不做，通常用作占位符。例如：

```
def function_not_implemented():
    pass  # 暂时没有实现的函数
```

## 1.3.6　异常处理语句

异常处理语句用于捕捉和处理异常。例如：

```
try:
    result = x / 0
except ZeroDivisionError:
    print('Cannot divide by zero.')
finally:
    print('This always executes.')
```

## 1.3.7　函数定义与函数调用

函数定义和函数调用是 Python 编程中的两个重要概念。

（1）函数定义：函数是具有特定功能的可重用代码块，通过使用 def 关键字进行定义。函数定义包括函数名称、参数列表和函数体。

例如：

```
def add(a, b):  # 定义一个函数
    return a + b  # 函数体，实现a和b的加法运算
result = add(3, 5) # 调用函数add并传入参数3和5
print(result) # 输出结果8
```

在这个例子中，add 是函数名称，a 和 b 是参数，return a + b 是函数体。

（2）函数调用：函数定义之后，可以通过函数名后跟圆括号（包含参数）的方式来调用。

例如：

```
result = add(3, 5) # 调用函数add并传入参数3和5
print(result) # 输出结果8
```

在这个例子中，add(3, 5) 就是一个函数调用，它调用了之前定义的 add 函数，并传入了参数 3 和 5，函数执行后返回的结果被赋值给了变量 result。

函数的定义和调用是 Python 编程的基本构成，通过定义和调用函数，可以将复杂的

问题分解为更小、更易于管理的部分，从而提高代码的可读性和可重用性。

### 1.3.8 类定义与使用

在面向对象编程中，类是一种定义对象蓝图的方式，可以看作是创建对象的模板或蓝图。类定义了对象的属性（变量）和方法（函数）。

（1）类定义：使用 class 关键字定义一个类。类定义包括类名、属性（变量）和方法（函数）。

例如：

```
class Dog:  # 定义一个类
    def __init__(self, name):  # 初始化方法，创建对象时自动调用
        self.name = name  # 对象的属性

    def bark(self):  # 对象的方法
        return f'{self.name} says woof!'
```

在这个例子中，Dog 是类名，name 是对象的属性，__init__ 和 bark 是对象的方法。__init__ 是一个特殊的方法，称为构造器或初始化方法，用于初始化新创建的对象的状态。

（2）类的使用：定义完类后，可以创建类的实例（对象）。每个对象都有自己的属性和方法。

例如：

```
my_dog = Dog('Buddy')  # 创建Dog类的一个实例
print(my_dog.bark())  # 输出 Buddy says woof!
```

在这个例子中，Dog('Buddy') 是一个类的实例化，创建了一个 Dog 类的对象 my_dog，并将字符串 'Buddy' 作为参数传递给 __init__ 方法，初始化了 my_dog 的 name 属性。

类的定义和使用是面向对象编程的基础，通过定义和使用类，可以将具有相同属性和行为的对象进行抽象，提高代码的可读性和可重用性。

### 1.3.9 导入语句

在 Python 中，代码可以被组织成模块和包，以便于管理和重用。导入语句用于在当前代码中引用其他模块或包的功能。

模块导入：使用 import 关键字可以导入特定的模块，然后可以使用模块名作为前缀来访问模块中的函数、类或变量。

例如：

```
import math  # 导入math模块
print(math.sqrt(16))  # 使用math模块中的sqrt函数
```

```
输出：4.0
```

从模块中导入特定的函数或类：使用 from...import... 语句可以直接导入模块中的特定函数或类，无须使用模块名作为前缀。例如：

```
from math import sqrt  # 从math模块导入sqrt函数
print(sqrt(16))  # 直接使用sqrt函数
输出：4.0
```

导入模块并指定别名：为了避免模块名冲突或提高代码的可读性，可以在导入模块时指定别名，使用 import...as... 语句。例如：

```
import numpy as np  # 导入numpy模块并指定别名为np
print(np.array([1, 2, 3]))  # 使用np作为numpy的别名
输出：[1 2 3]
```

## 1.3.10 声明语句

声明语句用于声明变量的作用域。

在 Python 中，global 语句用于声明全局变量。例如：

```
x = 10
def change_global_x():
    global x
    x = 20  # 这里修改的是全局变量x
change_global_x()
print(x)
输出：20
```

在 Python 中，nonlocal 语句用于引用和修改封闭作用域（外层函数）中的变量。例如：

```
def outer():
    x = 'local'
    def inner():
        nonlocal x
        x = 'nonlocal'  # 这里修改的是外围函数outer中的x
    inner()
    print(x)  # 输出'nonlocal'
outer()
输出：nonlocal
```

### 1.3.11 上下文管理语句

在 Python 中，上下文管理语句主要是使用 with 关键字进行的，它用于管理一个或多个上下文对象的创建和销毁过程。这些对象通常具有 __enter__() 和 __exit__() 方法，分别在进入和离开 with 语句块时被调用。

上下文管理：上下文管理语句在 Python 中用于处理前后需要进行准备和清理操作的任务。例如，文件操作需要在操作前打开文件，在操作后关闭文件，这就是典型的上下文管理。

```
with open('file.txt', 'r') as file:  # 使用with语句打开文件
    content = file.read()  # 读取文件内容
# 离开with语句块时，文件自动关闭
```

在这个例子中，with 语句用于管理文件对象 file 的生命周期。当进入 with 语句块时，调用 open 函数打开文件并返回文件对象；当离开 with 语句块时，自动关闭文件。

自定义上下文管理：你也可以定义自己的上下文管理器，只需要实现 __enter__() 和 __exit__() 方法。例如：

```
class MyContext:
    def __enter__(self):
        print('Entering the block')
        return self
    def __exit__(self, exc_type, exc_val, exc_tb):
        print('Leaving the block')
with MyContext():
    print('Inside the block')
```

在这个例子中，MyContext 是一个自定义的上下文管理器，__enter__() 方法在进入 with 语句块时被调用，__exit__() 方法在离开 with 语句块时被调用。

上下文管理语句是 Python 中的重要特性，它简化了资源管理的代码，提高了代码的可读性和可维护性。

## 1.4 Python 特性

Python 作为一种编程语言，与 Java、C++ 等静态类型的编译型语言相比，有许多独特的特性：

（1）缩进语法：Python 使用缩进来定义代码块，而不是使用大括号。这使得 Python 代码看起来更简洁，可读性更强。

（2）动态类型：Python 是动态类型的语言，可以在运行时确定并根据需要随时改变变量的类型，而 Java、C++ 等是静态类型的语言，变量的类型在编译时就已经确定，不能改变。

（3）序列的切片与负数索引：Python 的序列类型（如列表、元组、字符串）支持序列切片和负数索引。其中，负数索引表示从后向前计数，-1 表示最后一个元素，使用起来非常方便。

（4）列表推导式与生成器表达式：Python 支持列表推导式和生成器表达式，这是一种方便快捷的创建列表或生成器的方式。

（5）函数被视为一等公民：在 Python 中，函数被视为一等公民，可以作为变量赋值，可以作为参数传递给其他函数，可以作为返回值返回。这使得 Python 可以方便地使用高阶函数和闭包。

（6）装饰器：Python 提供了装饰器语法，可以方便地修改函数或类的行为，而不需要修改其源代码。

以上就是 Python 的一些独特特性，这些特性使得 Python 在许多领域都得到了广泛的应用。

在深入探讨和总结 Python 这一独特编程语言的特性之前，我们先来概述一下编程语言的基本概念及分类。编程语言是人与计算机沟通的桥梁，它们是用于编写程序、构建软件、执行计算任务的工具。这些语言的设计旨在将人类的逻辑思维转化为机器可以理解和执行的指令集，从而实现特定功能或解决特定问题。

## 1.4.1　编程语言的分类

编程语言按照其抽象层次和对硬件的直接控制程度，大致可以分为低级语言和高级语言两大类，如图 1-23 所示。其中，低级语言直接与计算机硬件交互，包括机器语言（二进制指令）和汇编语言（使用助记符表示的机器指令）。这类语言执行效率高，但编写和维护难度大，且不具备良好的可移植性。

机器语言（Machine Language）：这是最底层的编程语言，直接使用计算机硬件能够理解的二进制指令来编写程序。每个指令由一串 0 和 1 的序列组成，代表特定的硬件操作。机器语言与特定的计算机架构紧密相关，因此不具备可移植性。它的优点是执行效率高，因为它不需要翻译，直接由 CPU 执行，但缺点是编写和维护极其困难，对人类不友好。

汇编语言（Assembly Language）：汇编语言是对机器语言的抽象，使用助记符代替二进制代码，使得程序更容易被人阅读和编写。每条汇编语言指令通常对应一条机器语言指令。程序员使用汇编语言编写程序后，需要通过汇编器（Assembler）将其转换为机器语言，然后才能被执行。汇编语言仍然与硬件紧密相关，但相比机器语言来说，其可读性和可维护性有所提高。

高级语言（High-level Language）：高级语言是为了进一步提高编程的效率和可读性而设计的，它更加接近自然语言，使用诸如变量、函数和类等概念来描述计算过程，而不是直接控制硬件。高级语言的程序需要通过编译器（Compiler）或解释器（Interpreter）转换为机器语言后才能执行。根据不同的设计哲学，高级语言可以分为面向过程、面向对象、函数式等多种编程范式。与低级语言相比，高级语言的可移植性好、编程效率高，但直接执行效率通常低于汇编语言和机器语言。

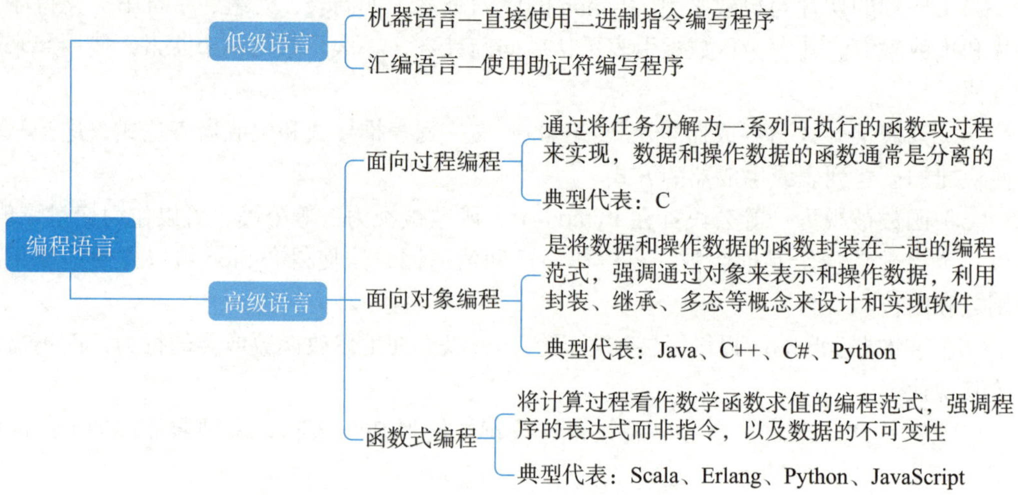


**图 1-23　编程语言分类**

高级语言根据其主要的编程范式分为面向过程、面向对象和函数式三大类别。

### 1. 面向过程编程

面向过程编程（Procedure-Oriented Programming，POP）是一种编程范式，它强调程序的执行过程，通过将任务分解为一系列可执行的函数或过程来实现。在这个范式中，数据和操作数据的函数通常是分离的，程序的流程控制是通过函数调用来组织的。C 语言是典型的面向过程编程的语言。

### 2. 面向对象编程

面向对象编程（Object-Oriented Programming，OOP）是一种将数据和操作数据的函数封装在一起的编程范式。它强调通过对象（类的实例）来表示和操作数据，利用封装、继承和多态等概念来设计和实现软件。在 OOP 中，对象不仅包含数据（属性），还包含操作这些数据的方法（行为）。Java、C++ 和 Python（Python 也支持函数式编程）都是常见的面向对象编程语言。

### 3. 函数式编程

函数式编程（Functional Programming，FP）是一种将计算过程看作数学函数求值的编程范式。它强调程序的表达式而非指令，以及数据的不可变性。函数式编程鼓励使用纯函数（没有副作用的函数）、高阶函数（接受函数作为参数或返回函数的函数）以及递归等。Scala 和 Erlang 是函数式编程的代表，而 Python 和 JavaScript 等语言也支持函数式编程风格。

这三种范式并不是完全独立的，它们在某些方面可以相互借鉴和融合。例如，许多面向对象编程的语言（如 Java 和 C#）都支持函数式编程的特性，如 lambda 表达式和高阶函数。

不同的范式适用于不同的场景和需求。基于过程的编程适用于简单的、线性的任务，面向对象编程适用于需要创建复杂系统和模拟现实世界对象的任务，函数式编程则适用于需要处理大量数据、进行并行计算或追求代码简洁性和可预测性的场景。

从历史发展的角度来看，基于过程的编程是最早出现的范式，随后出现了面向对象编程，而函数式编程则相对较晚出现。但这并不意味着后出现的范式就包含了先前的范式，而是它们各自在不同方面为编程提供了更多的选择和可能性。

## 1.4.2 动态类型

Python 是一种动态类型的语言，这意味着其可以在程序运行时改变变量的类型。在 Python 中，变量的类型是随着所赋的值而变化的，这与 Java、C++ 等静态类型的语言有很大的不同。

Python 的动态类型特性主要是通过其对象和引用的机制来实现的。在 Python 中，所有的数据都是对象，而变量则是对象的引用。当为变量赋值时，Python 会先创建或找到一个相应的对象，然后让变量引用这个对象。因此，变量的类型就是其引用的对象的类型。当改变变量的值时，Python 会改变变量的引用，从而改变变量的类型。

例如：

```
x = 10  # x是整数类型
print(type(x))  # 输出：class 'int'

x = 'Hello'  # x变为字符串类型
print(type(x))  # 输出：class 'str'
```

**小提示**

动态类型与静态类型的优缺点见表 1-11。

表 1-11　动态类型与静态类型的优缺点对比表

| 类型 | 优点 | 缺点 |
| --- | --- | --- |
| 动态类型 | （1）灵活性：处理各种类型的数据更加容易。<br>（2）易用性：更易于学习和使用，无须在声明变量时指定类型。<br>（3）适应性：更容易适应数据结构的变化。 | （1）性能：通常性能较差，需要在运行时检查类型。<br>（2）可维护性：类型错误可能在运行时才会被发现，类型信息可能会在代码中被隐藏。<br>（3）安全性：更容易出现类型错误。 |

续表

| 类型 | 优点 | 缺点 |
|---|---|---|
| 静态类型 | （1）性能：通常性能更好，可以在编译时进行类型检查和优化。<br>（2）可维护性：类型错误可以在编译时被发现，类型信息明确，有助于理解和修改代码。<br>（3）安全性：不允许在运行时改变变量的类型，可以避免很多类型错误。 | （1）灵活性：处理多种类型数据或复杂的数据结构时可能需要更多的代码和设计。<br>（2）易用性：通常更难学习和使用，需要在声明变量时指定类型。<br>（3）适应性：处理数据结构变化时可能需要更多的修改和重新编译。 |

## 1.4.3 序列的切片与负数索引

Python 的序列类型，如列表（list）、元组（tuple）和字符串（str），都支持切片和负数索引操作。

切片操作是获取序列的一部分。切片操作的基本形式为 Sequence[start:stop:step]，其中 start 是切片开始索引（默认为 0），stop 是切片结束索引（不包括该索引，默认为序列的长度），step 是切片步长（默认为 1）。

例如：

```
lst = [0, 1, 2, 3, 4, 5]
print(lst[1:4])  # 输出：[1, 2, 3]
print(lst[::2])  # 输出：[0, 2, 4]
```

在这个例子中，lst[1:4] 获取了列表从索引 1 到索引 3（不包括索引 4）的部分，lst[::2] 获取了列表所有偶数索引的部分。

Python 的序列类型还支持负数索引。负数索引表示从序列的末尾开始计数，-1 表示最后一个元素，-2 表示倒数第二个元素，依此类推。

例如：

```
lst = [0, 1, 2, 3, 4, 5]
print(lst[-1])  # 输出：5
print(lst[-3:])  # 输出：[3, 4, 5]
```

在这个例子中，lst[-1] 获取了列表的最后一个元素，lst[-3:] 获取了列表从倒数第三个元素到最后一个元素的部分。

总的来说，Python 的序列切片和负数索引是两个非常强大的特性，可以方便访问和操作序列的各个部分。

小提示

在 Python 的切片操作 Sequence[start:stop:step] 中，start、stop、step 都是可以省略的。

若全部省略，即 Sequence[:]，则返回序列的一个完整拷贝。

例如：

```
lst = [0, 1, 2, 3, 4, 5]
print(lst[:])  # 输出：[0, 1, 2, 3, 4, 5]
```

若省略 start，即 Sequence[:stop] 或 Sequence[:stop:step]，则从序列的开始到 stop - 1 的位置进行切片。如果还指定了 step，那么切片将每隔 step 个元素取一个。

例如：

```
lst = [0, 1, 2, 3, 4, 5]
print(lst[:3])  # 输出：[0, 1, 2]
print(lst[:4:2])  # 输出：[0, 2]
```

若省略 stop，即 Sequence[start:] 或 Sequence[start::step]，则从 start 的位置到序列的末尾进行切片。如果还指定了 step，那么切片将每隔 step 个元素取一个。

例如：

```
lst = [0, 1, 2, 3, 4, 5]
print(lst[2:])  # 输出：[2, 3, 4, 5]
print(lst[1::2])  # 输出：[1, 3, 5]
```

若省略 step，即 Sequence[start:stop]，则从 start 的位置到 stop - 1 的位置进行切片，每隔一个元素取一个。

例如：

```
lst = [0, 1, 2, 3, 4, 5]
print(lst[1:4])  # 输出：[1, 2, 3]
```

若同时省略 start 和 stop，即 Sequence[::step]，则从序列的开始到末尾进行切片，每隔 step 个元素取一个。

例如：

```
lst = [0, 1, 2, 3, 4, 5]
print(lst[::2])  # 输出：[0, 2, 4]
```

具体规则归纳如下：

start：省略时默认为序列开头。序列开头的确定依赖于 step 的正负：step 为正时，开头为序列最左端；step 为负时，开头为序列最右端。省略 start 时，其后的冒号不能省略。

stop：省略时默认为序列末尾之后的位置，此位置已在序列之外。序列末尾的确定也依赖于 step 的正负：step 为正时，末尾为序列最右端；step 为负时，末尾为序列最左端。

step：省略时默认为 1，表示每次移动一个元素。当 step 省略且 stop 也省略时，stop 后的冒号也可省略。

### 1.4.4 列表推导式与生成器表达式

Python 中的列表推导式和生成器表达式是一种便捷的创建列表或生成器的方法。

列表推导式的基本形式为：[expression for item in iterable if condition]。它将根据 iterable（可迭代对象）中的每个 item（迭代变量）计算 expression（对变量进行计算或转换后得到的结果，它定义了新列表中每个元素的值），并根据 condition（可选条件表达式）决定是否将结果添加到列表中。

例如，创建一个包含 1 到 10 的平方的列表：

```
squares = [x**2 for x in range(1, 11)]
print(squares) # 输出：[1, 4, 9, 16, 25, 36, 49, 64, 81, 100]
```

生成器表达式的基本形式与列表推导式类似，只是将方括号 [] 改为圆括号 ()：(expression for item in iterable if condition)。生成器表达式将返回一个生成器对象，可以使用 next() 函数或 for 循环来获取元素。

例如，创建一个生成器，生成 1 到 10 的平方：

```
squares_gen = (x**2 for x in range(1, 11))
for square in squares_gen:
    print(square) #输出：1, 4, 9, 16, 25, 36, 49, 64, 81, 100
```

列表推导式和生成器表达式的主要区别在于：

（1）内存占用：列表推导式会立即计算所有的元素并存储在列表中，占用内存较大；生成器表达式则只会生成一个惰性序列，即在每次请求时才计算下一个元素，占用内存较小。

（2）可迭代次数：列表可以多次迭代，而生成器只能迭代一次。

（3）实时性：列表推导式在创建时就已经确定了所有元素，而生成器表达式则是按需生成元素，更适合处理大规模或无限的数据流。

列表推导式和生成器表达式的相同点在于，它们都是一种便捷的创建序列的方法，都支持条件过滤和复杂的表达式。

### 1.4.5 高阶函数

在 Python 中，函数被视为一等公民，即函数可以作为参数传递，可以作为返回值，也可以赋值给变量。这种特性使得 Python 能够便利地使用高阶函数。

高阶函数是至少满足下列一个条件的函数：接受一个或多个函数作为输入；输出一个函数。

例如，Python 内置的 map() 函数和 filter() 函数就是典型的高阶函数。

map() 函数接受一个函数和一个可迭代对象作为参数，将函数应用于可迭代对象的每个元素，然后返回一个新的迭代器。

```
nums = [1, 2, 3, 4, 5]
squares = map(lambda x: x**2, nums)  # 计算nums中每个数的平方
print(list(squares))  # 输出：[1, 4, 9, 16, 25]
```

在上述示例中，map() 函数接受了一个匿名函数 lambda x: x**2 和一个列表 nums，然后返回了一个新的迭代器，包含了 nums 中每个数的平方。

filter() 函数接受一个函数和一个可迭代对象作为参数，将函数应用于可迭代对象的每个元素，然后返回一个新的迭代器，只包含使函数返回值为 True 的元素。

```
nums = [1, 2, 3, 4, 5]
odds = filter(lambda x: x % 2 == 1, nums)  # 过滤出nums中的奇数
print(list(odds))  # 输出：[1, 3, 5]
```

在上述示例中，filter() 函数接受了一个匿名函数 lambda x: x % 2 == 1 和一个列表 nums，然后返回了一个新的迭代器，只包含了 nums 中的奇数。

通过高阶函数，可以将操作抽象化，使代码更加简洁和可读。

下面编写一个自定义的高阶函数 apply_to_list，该函数接受一个函数 func 和一个列表 lst 作为参数，将 func 应用于 lst 的每一个元素，然后返回结果列表。

```
def apply_to_list(func, lst):
    return [func(x) for x in lst]
```

例如，使用 apply_to_list 函数计算一个列表中每个元素的平方：

```
nums = [1, 2, 3, 4, 5]
squares = apply_to_list(lambda x: x**2, nums)
print(squares)  # 输出：[1, 4, 9, 16, 25]
```

在这个示例中，apply_to_list 函数接受了一个匿名函数 lambda x: x**2 和一个列表 nums，然后返回了一个新的列表，包含了 nums 中每个数的平方。

这就是自定义高阶函数的一个简单示例，通过自定义高阶函数，可以使代码更加灵活和可复用。

### 1.4.6 装饰器

Python 装饰器是一种特殊的语法结构，它能够对函数或类的行为进行修改，而无须改变其源代码。装饰器本质上是一个能够接受函数或类作为输入，并返回一个新函数或类的高阶函数。

下面的装饰器示例展示了如何定义和使用一个计时器装饰器：

```
import time
def timer(func):
    def wrapper(*args, **kwargs):
        start = time.time()
        result = func(*args, **kwargs)
        end = time.time()
        print(f'运行时间：{end - start} 秒')
        return result
    return wrapper

@timer
def slow_function():
    time.sleep(2)

slow_function()  # 调用slow_function时，会自动计时
输出：
运行时间：2.0000011920928955 秒
```

在这个示例中，timer 就是一个装饰器。它接受一个函数 func，然后定义了一个新的函数 wrapper，在 wrapper 中首先记录当前时间，然后调用 func，再记录当前时间，最后输出运行时间。@timer 语法就是将 slow_function 函数作为参数传递给 timer 装饰器，然后将返回的新函数赋值给 slow_function。

因此，在调用 slow_function 时，实际上是调用了 wrapper 函数，从而实现了自动计时的功能，而 slow_function 的源代码并未发生改变。这就是装饰器的基本工作原理和用法。

## 1.5 24 点游戏实现

技能微课堂

24 点游戏初始化

技能微课堂

24 点游戏过程式实现

软件开发通常包括需求分析、设计、编码、测试和维护等步骤。下面将这些步骤应用于“24 点游戏计算器”的开发过程中，以确保项目的高质量完成。

## 1.5.1 需求分析

知识微课堂

24点游戏重构
基本知识

技能微课堂

24点游戏重构

在开发前，首先明确项目的需求。对于“24点游戏计算器”，需求如下：

（1）用户能够通过控制台输入四个整数。

（2）系统能够计算并输出这四个数字，通过加、减、乘、除运算得到24的所有可能的表达式。

（3）系统应能妥善处理异常输入，如非整数输入、输入数字数量不足或过多等。

## 1.5.2 设计

设计合理的模块和算法，具体如下：

（1）输入处理模块：负责接收用户输入，并进行基本的验证（比如确保输入的是四个整数）。

（2）排列生成模块：生成四个数字的所有排列组合以及运算符的所有组合。

（3）表达式构建模块：根据数字和运算符的排列组合，构建所有可能的算术表达式，并考虑不同的括号组合以改变运算优先级。

（4）计算和输出模块：评估每个表达式的值，判断是否等于24，并输出所有满足条件的表达式。

## 1.5.3 编码

根据设计，实现具体功能。

### 1. 输入处理模块

```
def process_input(input_str):
    try:
        # 将输入字符串分割并转换为整数列表
        nums = [int(num) for num in input_str.split()]
        # 检查是否确实输入了四个数字
        if len(nums) != 4:
            raise ValueError('必须输入四个整数。')
        return nums
    except ValueError as e:
        # 如果转换失败或输入不符合要求，则抛出异常
        raise ValueError(f'输入错误：{e}')
```

这个函数负责处理用户输入，确保输入的是四个整数，并将四个整数作为列表返回。

首先，尝试将输入的字符串（假设数字之间由空格分隔）分割并转换为整数列表。如果转换过程中出现错误（例如，输入的不是数字）或者输入的数字不是四个，那么它会抛出一个 ValueError。

Python 中注释采用 # 字符。

## 2. 排列生成模块

```
import itertools

def generate_permutations(nums, ops):
    # 使用itertools.permutations生成所有可能的数字排列，转换为集合以去重
    num_permutations = set(itertools.permutations(nums))
# 使用itertools.product生成所有可能的运算符组合
# 考虑到有3个位置放运算符，重复3次
    op_combinations = list(itertools.product(ops, repeat=3))
    return num_permutations, op_combinations
```

这个函数使用 Python 标准库 itertools 来生成数字的所有排列以及运算符的所有组合。数字排列是为了考虑不同的数字顺序，而运算符组合则是为了在数字之间尝试所有可能的运算符（加、减、乘、除）。

（1）全排列函数 permutations：

`result=itertools.permutations(iterable,r)`

其中，result 为对迭代对象处理之后返回的结果，数据类型为“itertools.permutations”，可以通过 list() 转换为列表。转换为列表之后的元素的数据类型为元组。

iterable 为需要排列的迭代对象，包括列表、字符串、元组、字典（只对键进行全排列）；r 为单个排列元素的长度，不修改的话，默认为迭代对象的元素个数。

（2）序列的笛卡尔积 product：

`itertools.product(*iterables[, repeat]) # 对应有序的重复抽样过程`

以元组的形式，根据输入的可遍历对象生成笛卡尔积，与嵌套的 for 循环类似。

repeat 是一个关键字参数，指定重复生成序列的次数。

## 3. 表达式构建模块

```
def build_expressions(num_permutations, op_combinations):
    exps = set()
    for nums in num_permutations:
        for ops in op_combinations:
            # 构建并添加不同的表达式到集合中，确保每种表达式的独特性
```

```
            exps.add(f'({nums[0]}{ops[0]}{nums[1]})\
{ops[1]}({nums[2]}{ops[2]}{nums[3]})')
            exps.add(f'(({nums[0]}{ops[0]}{nums[1]})\
{ops[1]}{nums[2]}){ops[2]}{nums[3]}')
            exps.add(f'{nums[0]}{ops[0]}(({nums[1]}\
{ops[1]}{nums[2]}){ops[2]}{nums[3]})')
            exps.add(f'{nums[0]}{ops[0]}({nums[1]}\
{ops[1]}({nums[2]}{ops[2]}{nums[3]}))')
    return exps
```

此函数负责构建所有可能的算术表达式。通过遍历数字排列和运算符组合，利用不同的括号位置生成各种可能的表达式，并确保每个表达式的唯一性。

### 4. 计算和输出模块

```
def calculate_24_points(expressions):
    results = set()
    for expr in expressions:
        try:
            # 评估每个表达式的值，如果等于24，则加入结果集
            if eval(expr) == 24:
                results.add(expr)
        except Exception as e:
            # 忽略计算中可能出现的任何异常，如除以零
            pass
    return results
```

这个函数遍历所有构建的表达式，使用 eval 函数计算它们的值。如果某个表达式的值等于 24，则将其加入结果集。这里忽略了计算过程中可能出现的异常，例如除以零的情况。

eval() 函数是 Python 中的一个内置函数，它允许执行一个字符串表达的 Python 表达式，并返回表达式的计算结果。

eval 函数的基本语法如下：

```
result = eval(expression, globals=None, locals=None)
```

expression：一个字符串，包含要执行的有效的 Python 表达式。

globals：可选参数，指定表达式执行时全局命名空间中可用的变量。它必须是一个字典。

locals：可选参数，指定表达式执行时局部命名空间中可用的变量。它可以是任何映射对象。

eval() 函数计算并返回 expression 字符串表达式的值。如果表达式是合法的 Python 代码，它就会被执行。

假设有一个简单的算术表达式的字符串，想计算这个表达式的值：

```
expr = '3 + 5'
print(eval(expr)) # 输出：8
```

eval() 也可以访问 Python 表达式中的变量：

```
x = 10
expr = 'x * 5'
print(eval(expr)) # 输出：50
```

### 5. 主程序

```
def main():
    input_str = input('请输入4个整数，用空格分开:')
    nums = process_input(input_str)
    if nums is None:
        return

    ops = ['+', '-', '*', '/']
    num_permutations, op_combinations = generate_permutations(nums, ops)
    expressions = build_expressions(num_permutations, op_combinations)
    exprs24=calculate_24_points(expressions)

    if len(exprs24) < 1:
        print('无解')
    else:
        for i in exprs24:
            print(i)


if __name__ == '__main__':
    main()
```

这是程序的主函数和入口点。它首先提示用户输入四个整数；然后，通过前面定义的函数处理输入、生成数字、运算符的排列组合和构建表达式，并计算这些表达式的值；最后，打印出所有使结果为 24 的表达式。

整个程序展示了一种结构化和模块化的编程方法，通过将复杂问题拆分成多个可管理的部分来解决。

## 1.5.4　测试

为确保“24 点游戏计算器”程序的稳定性和准确性，下面将针对测试部分提出具体的测试代码和数据示例。这些测试示例旨在覆盖程序的关键功能和潜在的边界条件。

### 1. 单元测试

针对每个模块编写测试用例，以 Python 的 unittest 框架为例进行说明。

输入处理模块测试：

```
import unittest

class TestInputProcessing(unittest.TestCase):
    def test_input_processing(self):
        self.assertEqual(process_input('5 5 5 1'), [5, 5, 5, 1])
        self.assertRaises(ValueError, process_input, 'a b c d') # 测试非
法输入

# 在Jupyter中运行unittest
def run_tests():
    loader = unittest.TestLoader()
    suite = loader.loadTestsFromTestCase(TestInputProcessing)
    runner = unittest.TextTestRunner(verbosity=2)
    runner.run(suite)

run_tests()
输出：
test_input_processing (__main__.TestInputProcessing) ... ok
----------------------------------------------------------------------
Ran 1 test in 0.003s
OK
```

这段代码使用了 unittest 框架，它是 Python 标准库中的一个单元测试框架，用于编写和执行测试。单元测试是软件测试的一种，用于测试软件的最小可测试单元。在这个例子中，测试的焦点是前面提到的 process_input 函数，确保它能正确处理有效输入，并且在接收到无效输入时抛出 ValueError 异常。

这个 run_tests() 函数是为了在 Jupyter Notebook 环境中方便地运行测试。在标准 Python 脚本或命令行中，通常会使用 unittest.main() 来自动发现和运行测试，但在 Jupyter 中，使用这种方法不起作用。因此通过创建测试加载器（TestLoader），加载测试用例类（TestInputProcessing）到测试套件（suite）中，然后使用测试运行器（TextTestRunner）来执行这些测试。verbosity=2 表示测试运行时的详细程度。

## 2. 集成测试

测试整个程序能否正确地集成运行，以及能否正确输出预期的 24 点结果。

```
class TestGameCalculatorIntegration(unittest.TestCase):
    def test_integration(self):

        inputs = '8 8 1 1'
        nums = process_input(inputs)
        ops = ['+', '-', '*', '/']
        num_permutations, op_combinations = generate_permutations(nums,
ops)
        expressions = build_expressions(num_permutations, op_combinations)
        results=calculate_24_points(expressions)
        self.assertTrue(len(results)>0)

# 在Jupyter中运行unittest
def run_tests():
    loader = unittest.TestLoader()
    suite = loader.loadTestsFromTestCase(TestGameCalculatorIntegration)
    runner = unittest.TextTestRunner(verbosity=2)
    runner.run(suite)

run_tests()
输出:
test_integration (__main__.TestGameCalculatorIntegration) ... ok
----------------------------------------------------------------------
Ran 1 test in 0.044s
OK
```

这段代码展示了一个使用 unittest 框架进行集成测试的例子。集成测试是软件测试的一种类型，其目的是验证多个组件或系统组合在一起时能否正确地协同工作。在这个特定的例子中，测试聚焦于一个游戏计算器的几个组成部分的集成，这些部分包括输入处理、生成排列组合、构建表达式和计算结果，特别是针对一个可能的游戏逻辑，比如计算 24

点游戏的解决方案。

### 3. 边界条件和异常处理测试

针对输入的边界条件和异常情况进行测试。

```
class TestBoundaryAndException(unittest.TestCase):
    def test_zero_input(self):
        # 测试包含零的输入
        inputs = '0 1 2 3'
        self.assertRaises(ValueError, process_input, inputs)

    def test_large_numbers(self):
        # 测试大数输入
        inputs = '9999 9998 9997 9996'
        self.assertRaises(ValueError, process_input, inputs)

    def test_negative_numbers(self):
        # 测试负数输入
        inputs = '-1 -2 -3 -4'
        self.assertRaises(ValueError, process_input, inputs)
# 在Jupyter中运行unittest
def run_tests():
    loader = unittest.TestLoader()
    suite = loader.loadTestsFromTestCase(TestBoundaryAndException)
    runner = unittest.TextTestRunner(verbosity=2)
    runner.run(suite)

run_tests()
输出:
test_large_numbers (__main__.TestBoundaryAndException) ... FAIL
test_negative_numbers (__main__.TestBoundaryAndException) ... FAIL
test_zero_input (__main__.TestBoundaryAndException) ... FAIL
======================================================================
FAIL: test_large_numbers (__main__.TestBoundaryAndException)
----------------------------------------------------------------------
Traceback (most recent call last):
```

```
  File "C:\Users\jooner\AppData\Local\Temp\ipykernel_24528\1117480239.
py", line 10, in test_large_numbers
   self.assertRaises(ValueError, process_input, inputs)
AssertionError: ValueError not raised by process_input
======================================================================
FAIL: test_negative_numbers (__main__.TestBoundaryAndException)
----------------------------------------------------------------------
Traceback (most recent call last):
  File "C:\Users\jooner\AppData\Local\Temp\ipykernel_24528\1117480239.
py",  line 15, in test_negative_numbers
   self.assertRaises(ValueError, process_input, inputs)
AssertionError: ValueError not raised by process_input
======================================================================
FAIL: test_zero_input (__main__.TestBoundaryAndException)
----------------------------------------------------------------------
Traceback (most recent call last):
  File "C:\Users\jooner\AppData\Local\Temp\ipykernel_24528\1117480239.
py",  line 5, in test_zero_input
   self.assertRaises(ValueError, process_input, inputs)
AssertionError: ValueError not raised by process_input
----------------------------------------------------------------------
Ran 3 tests in 0.005s

FAILED (failures=3)
```

这段代码使用了 unittest 框架来定义运行边界条件和异常情况的测试，目的是确保 process_input 函数能够妥善处理一些特殊的输入情况，包括零、正数和负数等。通过这些测试，可以验证函数对于非预期输入的健壮性和错误处理能力。请读者补充或完善相应的代码健壮性测试。

## 本章小结

Python 语言本质上是以动态类型系统和解释执行模型为基础，依托标准库的广泛支持，通过面向对象编程、函数式编程及模块化设计等编程范式，实现高度灵活性和可扩展性的通用编程语言。

本章主要介绍了 Python 基础，包括 Python 的简介、安装、基本语法和数据类型等内容。通过“24 点游戏计算器”的项目实践，读者能够初步掌握如何使用 Python 解决实际问题。此外，本章还强调了学习编程不仅是掌握一项技术，更是培养逻辑思维、解决问题能力的过程。通过本章的学习，读者能够理解并掌握 Python 语言的特性及用途、基本数据类型、函数和代码复用等知识点，为后续深入学习打下坚实的基础。

## 课后练习

### 1. 简答与编程题

（1）什么是可变类型？什么是不可变类型？

（2）简述内置函数 id()，type()，help() 的作用。

（3）Python3.6+ 的 print() 有几种形式的格式化输出？请依次举例说明。

（4）编写一个 Python 程序，实现基本的数据类型转换功能，如将字符串转换成整数、浮点数转换成整数等。

（5）使用列表推导式，生成一个列表，内容是 1~10 各数字的平方。

（6）编写一个函数，接受一个字符串参数，返回该字符串反转后的结果。例如，输入“hello”，返回“olleh”。

（7）尝试使用字典来存储一个人的信息（包括姓名、年龄和性别等），并编写代码打印出来。

（8）打印输出九九乘法表。

（9）编写类似 hex() 函数，完成 10 进制整数转换成 16 进制数。

（10）编写类实现 10 进制整数转换成 R 进制（R 为 2，8，16）。

（11）编写类实现列表的冒泡和选择排序，根据标记决定升序或降序。

### 2. 实训

（1）24 点游戏：随机生成 4 张数字为 1~9 的扑克牌，然后计算 24 点。

（2）三国游戏。

小蓝正在玩一款游戏。

游戏中魏、蜀、吴三个国家各自拥有一定数量的士兵：$X$，$Y$，$Z$（一开始可以认为都为 0）。

游戏有 $n$ 个可能会发生的事件，每个事件之间相互独立且最多只会发生一次，当第 $i$ 个事件发生时会分别让 $X$，$Y$，$Z$ 增加 $A_i$，$B_i$，$C_i$。

当游戏结束时（所有事件的发生与否已经确定），如果 $X$，$Y$，$Z$ 的其中一个大于另外两个之和，则认为其获胜。

例如，当 $X>Y+Z$ 时，魏国获胜。

小蓝想知道游戏结束时如果有其中一个国家获胜，那么最多发生了多少个事件。

如果不存在任何能让某国获胜的情况，请输出 –1。

输入格式：

输入的第一行包含一个整数 $n$。

第二行包含 $n$ 个整数表示为 $A_i$，相邻整数之间使用一个空格分隔。

第三行包含 $n$ 个整数表示为 $B_i$，相邻整数之间使用一个空格分隔。
第四行包含 $n$ 个整数表示为 $C_i$，相邻整数之间使用一个空格分隔。
输出格式：
输出一行包含一个整数表示答案。
数据范围：
对于 40% 的评测用例，$n \leqslant 500$；
对于 70% 的评测用例，$n \leqslant 5000$；
对于所有评测用例，$1 \leqslant n \leqslant 10^5$，$0 \leqslant A_i$，$B_i$，$C_i \leqslant 10^9$。
输入样例：
3
1 2 2
2 3 2
1 0 7
输出样例：
2
样例解释：
当发生两个事件时，有两种不同的情况会出现获胜方，具体如下：
（1）发生 1，2 事件时蜀国获胜。
（2）发生 1，3 事件时吴国获胜。

## 课后思考

学习态度努力与不努力的结果对比见表 1-12。

表 1-12　学习态度努力与不努力的结果对比

| 态度 | 努力过程 | 结果 |
|---|---|---|
| 每天进步一点点，0.001，千分之一 | attitude = 0.001<br>result = 1<br>for i in range(0,365*3):<br>    result  *= 1+attitude<br>print(result)<br><br>#输出2.9875476434426984 | 在学校三年，如果每天进步一点点，日积月累，不断地进步、再进步，三年以后，你会感谢自己 |
| 每天懈怠一点点，0.001，千分之一 | attitude = 0.001<br>result = 1<br>for i in range(0,365*3):<br>    result  * = 1-attitude<br>print(result)<br><br>#输出0.33435637451312045 | 在学校三年，如果每天懈怠一点点，日积月累，三年以后，你会大幅度倒退 |

# 第2章

# NumPy 与科学计算

在数据分析与机器学习领域，NumPy（Numerical Python）是 Python 语言中一个核心的科学计算库，提供了高性能的多维数组对象及相应的操作。NumPy 的出现极大地简化了数值计算，使得 Python 语言的应用范围得到了极大的拓展。本章将通过“KNN 识别手写数字”项目，带领读者深入理解 NumPy 库的应用，从而掌握科学计算的基本方法和技巧。

## 学习目标

### 知识目标

理解 NumPy 库的特点及在数据分析中的作用，熟悉数组对象的创建、属性、基本操作和函数；掌握数组的索引、切片、迭代、广播机制等高级特性；了解线性代数、统计学等科学计算的基本概念以及 NumPy 的实现方法。

### 能力目标

能够使用 NumPy 进行高效的数据处理和分析，解决实际问题中的数学和科学计算问题，为深入学习 Pandas、Matplotlib 等库打下坚实的基础。

### 素养目标

培养数据敏感性和分析问题的能力，提高解决实际科学计算问题的效率和质量，加深对 Python 数据分析生态系统的理解。

## 知识导图

本章内容围绕 NumPy 库的功能和应用展开，主要包括数组的基本概念、数组的创建和操作以及数组的向量化运算等，并通过“KNN 识别手写数字”实际案例，让读者体会到 NumPy 在科学计算中的强大功能。NumPy 核心知识如图 2-1 所示。

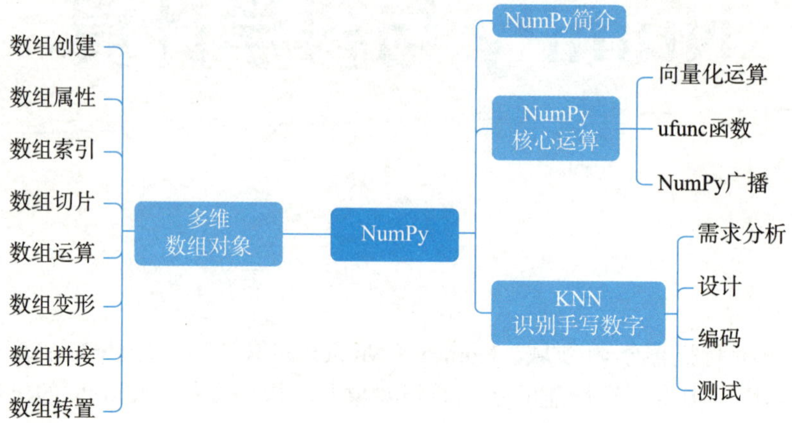


**图 2-1　NumPy 核心知识**

通过本章的学习，读者将掌握使用 NumPy 进行数据分析和处理的基本方法，为后续深入学习数据分析相关技术打下坚实的基础。

# 2.1 NumPy 简介

知识微课堂

NumPy 安装与引入

NumPy 是一个开源的 Python 科学计算基础库，用于大规模的数学运算。它提供了高性能的多维数组对象，以及用于处理这些数组的多种工具。NumPy 是 SciPy、Pandas 等数据处理和科学计算库的底层基础，因其高性能的特点被广泛应用于数据分析、机器学习和深度学习等领域。

NumPy 的核心功能如下：

（1）多维数组对象（ndarray）：NumPy 的主要对象是多维数组 N-dimensional array，简称 ndarray。它是指多维数组（或张量），其中“N”表示数组的维度数。ndarray 是一个所有元素类型相同、由非负整数元组索引的元素表。NumPy 数组比 Python 自带的列表性能更高，支持更多的数据操作。

（2）广播功能：NumPy 允许不同大小的数组进行数学运算。如果两个数组的维度不完全相同，那么 NumPy 会自动触发广播机制，补齐维度不足的数组，使其形状一致后再进行运算。

（3）高效的数学函数：NumPy 提供了大量的数学函数库，包括线性代数、傅里叶变换和随机数生成等，使得进行科学计算非常方便。

（4）数组索引和切片：NumPy 提供了多种方式来索引和切片数组，用户可以非常灵活地访问和修改数组的特定部分。

（5）内存效率：NumPy 的数组存储在连续的内存块中。这种存储方式不仅减少了内存的占用，还提升了数组操作的性能。

（6）与其他语言的接口：NumPy 可以轻松地与 C、C++ 等语言集成，允许这些语言的库直接操作 NumPy 数组中的数据，这一特性使得 NumPy 能方便地与其他语言编写的科学计算库或图形库协同工作。

## 2.2 多维数组对象

NumPy 是 Python 中用于科学计算的基础库，它提供了高效的数组操作和向量化运算。NumPy 中最重要的数据类型是 ndarray，也称为 NumPy 数组。ndarray 是一个多维数组，可以存储相同类型的数据，包括整数、浮点数和布尔值等。在 NumPy 中，维度（dimension）被称为轴（axis，复数为 axes），每个轴的长度构成的元组称为形状（shape）。例如，一个 shape 为（3, 4）的数组有两个轴，第一个轴的长度为 3，第二个轴的长度为 4。

知识微课堂

数组

知识微课堂

NumPy ndarray

在很多方法中，轴作为参数出现，通常表示为 axis=0, 1, ...，如图 2-2 所示。

对于轴参数，axis 指的是沿着其执行操作的维度进行，axis=0 意味着执行操作（函数）时，其他轴对应的下标不变，只有 axis=0 轴对应的下标变化。

**小提示**

对于轴参数，也可以理解为“将要被消除或折叠的维度或轴”，而不是将要返回的维度或轴。因此，axis=0 意味着行将被折叠，多行将变成一行；axis=1 意味着列将被折叠，多列将变成一列。

ndarray 的常用操作见表 2-1。

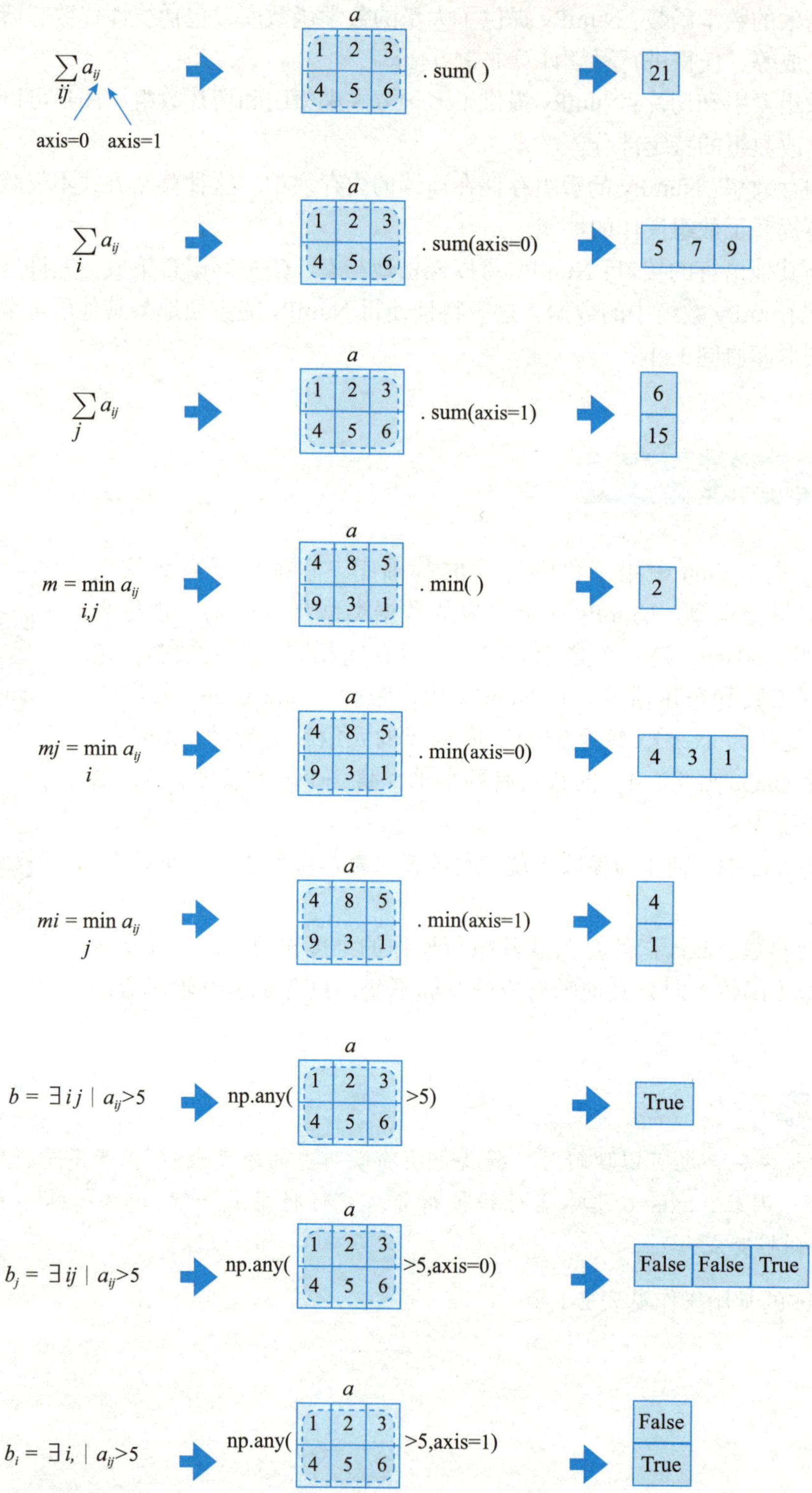


图 2-2　数组的轴参数的应用

表 2-1 ndarray 的常用操作

| 操作 | 示例代码<br>（下面的代码按照顺序执行） |
|---|---|
| 数组创建 | import numpy as np<br>a = np.array([1, 2, 3])  # 从列表中创建一维数组<br>b = np.array([[1, 2, 3], [4, 5, 6]])  # 从嵌套列表中创建二维数组<br>c = np.zeros((3, 4))  # 创建一个3行4列的全0数组<br>d = np.ones((2, 3))  # 创建一个2行3列的全1数组<br>e = np.arange(10)  # 创建一个0到9的一维数组<br>f = np.linspace(0, 1, 5)  # 创建一个0到1的等间距一维数组，元素个数为5 |
| 数组属性 | a.shape  # 数组的形状，对于n行m列的数组，返回(n, m)<br>a.size  # 数组中元素的总数<br>a.dtype  # 数组中元素的类型<br>a.ndim  # 数组的维度 |
| 数组索引 | a[0]  # 获取一维数组中的第一个元素<br>b[1, 2]  # 获取二维数组中第二行第三列的元素<br>b[1][2]  # 与上一行等价 |
| 数组切片 | a[1:3]  # 获取一维数组中第二个和第三个元素<br>b[0:2, 1:3]  # 获取二维数组中第一行到第二行、第二列到第三列的元素 |
| 数组运算 | a + b  # 数组相加，对应元素相加<br>a - b  # 数组相减，对应元素相减<br>a * b  # 数组相乘，对应元素相乘<br>a / b  # 数组相除，对应元素相除<br>np.dot(a, b[1,:])  # 数组点乘<br>a.sum()  # 数组元素求和<br>a.mean()  # 数组元素求平均值<br>a.std()  # 数组元素求标准差 |
| 数组变形 | b.reshape(2, 2)  # 将一维数组变形为2行2列的二维数组<br>b.flatten()  # 将二维数组变形为一维数组 |
| 数组拼接 | a = np.array([[10, 20, 30], [40, 50, 60]])<br>b = np.array([[1, 2, 3], [4, 5, 6]])<br>np.concatenate((a, b), axis=0)  # 将a和b按行进行拼接<br>np.concatenate((a, b), axis=1)  # 将a和b按列进行拼接 |
| 数组转置 | b.T  # 将二维数组b进行转置 |

# 2.3 NumPy 核心运算

## 2.3.1 向量化运算

知识微课堂

NumPy 向量化运算

NumPy 的向量化运算是针对数组的运算，通过对数组的元素进行操作来实现对整个数组的运算，避免使用 Python 中的循环，从而提高了计算效率和代码可读性。

举个例子，假设要对一个长度为 *n* 的数组进行平方运算并求和，可以分别使用 Python 的循环和 NumPy 的向量化运算实现，详见表 2-2。

表 2-2 循环与向量化运算对比

| 示例 | 实现方式 | 实现代码 |
| --- | --- | --- |
| 对一个长度为 *n* 的数组进行平方运算并求和 | 使用 Python 的循环 | `a = [1, 2, 3, 4, 5]`<br>`sum = 0`<br>`for i in range(len(a)):`<br>`    sum += a[i] ** 2` |
| 对一个长度为 *n* 的数组进行平方运算并求和 | 使用 NumPy 的向量化运算 | `import numpy as np`<br>`a = np.array([1, 2, 3, 4, 5])`<br>`sum = np.sum(a ** 2)` |

可以看到，使用 NumPy 的向量化运算，不仅使代码更简洁，而且使效率更高。

除了上面的例子，NumPy 还支持许多向量化运算，包括：

（1）数组的基本运算：加、减、乘、除、点乘、叉乘、幂运算等。

（2）数组的统计运算：求和、求平均值、求标准差、求最小值、求最大值等。

（3）数组的逻辑运算：与、或、非、比较等。

（4）数组的聚合运算：求和、求积、求平均值、求方差、求中位数等。

（5）数组的排序运算：排序、查找最小值、查找最大值等。

这些运算都是向量化的，可以对整个数组进行操作，从而提高计算效率和代码可读性。

## 2.3.2 ufunc 函数

知识微课堂

ufunc 函数

ufunc 全称为 Universal Function，是 NumPy 中的一种函数类型，用于对数组中的各个元素逐一进行操作。这种函数能够处理输入数组的每个元素，并生成一个新的输出数组，其大小与输入数组相同。由于 ufunc 函数直接针对数组进行操作，并以 NumPy 数组作为输出，因此无须对数组的每一个元素单独进行操作，这在处理大型数组时非常高效。在需要对数组进行重复运算时，使用 ufunc 函数通常比使用 math 库中的函数效率更高。

NumPy 中的 ufunc 函数包括一元函数和二元函数两种类型：一元函数对一个数组进行

操作，二元函数对两个数组进行操作。ufunc 函数的特点是能够快速处理数组，因为它们是使用 C 语言实现的，比 Python 本身的循环处理要快得多。

一些常见的一元 ufunc 函数包括：

（1）np.abs(x)：返回数组 x 的绝对值。

（2）np.sqrt(x)：返回数组 x 的平方根。

（3）np.exp(x)：返回数组 x 的指数函数值。

（4）np.log(x)：返回数组 x 的自然对数值。

（5）np.sin(x)：返回数组 x 中各元素的正弦值。

（6）np.cos(x)：返回数组 x 中各元素的余弦值。

（7）np.tan(x)：返回数组 x 中各元素的正切值。

（8）np.arcsin(x)：返回数组 x 中各元素的反正弦值。

（9）np.arccos(x)：返回数组 x 中各元素的反余弦值。

（10）np.arctan(x)：返回数组 x 中各元素的反正切值。

一些常见的二元 ufunc 函数包括：

（1）np.add(x, y)：返回数组 x 和 y 的和。

（2）np.subtract(x, y)：返回数组 x 和 y 的差。

（3）np.multiply(x, y)：返回数组 x 和 y 的积。

（4）np.divide(x, y)：返回数组 x 和 y 的商。

（5）np.power(x, y)：返回数组 x 的 y 次方。

（6）np.maximum(x, y)：返回数组 x 和 y 中各元素的最大值。

（7）np.minimum(x, y)：返回数组 x 和 y 中各元素的最小值。

除了以上列出的 ufunc 函数，NumPy 还提供了许多其他 ufunc 函数，可以根据需要进行调用。

创建自定义的 ufunc 函数涉及比较高级的技术，通常需要使用 NumPy 的 C API。但对于大多数用途，可以使用 NumPy 提供的 vectorize 函数来简化这个过程，将一个接受标量输入的 Python 函数转换为向量化的 ufunc 函数。

下面是一个简单的例子，说明如何使用 vectorize 函数。

（1）定义一个标量函数。创建一个简单的 Python 函数，该函数接受两个标量参数，并返回它们的最大公约数（GCD）。

```
def gcd(x, y):
    while y != 0:
        (x, y) = (y, x % y)
    return x
```

（2）使用 vectorize 创建 ufunc 函数。使用 numpy.vectorize 将上面的标量函数转换为 ufunc 函数。

```
import numpy as np
gcd_ufunc = np.vectorize(gcd)
```

（3）使用自定义 ufunc 函数。可以在数组上使用新创建的 ufunc 函数，并期望它按元素方式工作。

```
a = np.array([20, 30, 40])
b = np.array([12, 15, 16])
result = gcd_ufunc(a, b)
print(result)
# 输出: [4 15 8]
```

## 2.3.3 NumPy 广播

NumPy 中广播（Broadcasting）是一种在不同形状的数组之间进行算术运算的方式，它使得较小的数组能够自动地扩展到较大数组的形状上，从而实现逐元素运算。广播的实现方式是在缺失的维度上填充 1，然后逐元素进行操作，使得两个数组的形状相同。

广播的规则如下：

（1）如果两个数组的维度不同，则在维度较小的数组的前面补 1，直到维度相同。

（2）如果两个数组在某个维度上的形状不同，则将形状为 1 的数组在该维度上进行扩展，直到两个数组在该维度上的形状相同。

（3）如果两个数组在某个维度上的形状都不同且都不为 1，则无法进行广播，会产生形状不匹配的错误。

下面是一个例子，展示了广播的使用方法，详见表 2-3。

**表 2-3　NumPy 广播规则示例**

| 广播种类 | 示例代码 | 图示 |
|---|---|---|
| 数组与标量相乘 | import numpy as np<br># 将一个数组与一个标量相乘<br>a = np.array([1, 2, 3])<br>b = 2<br>c = a * b<br>print(c)<br># 输出: [2, 4, 6] | [1 2 3] * [2] => [1 2 3] * [2 2 2] => [2 4 6] |
| 二维数组与一维数组的广播 | import numpy as np<br>a = np.array([[1, 2, 3], [4, 5, 6]])<br>b = np.array([10, 20, 30])<br>c = a + b<br>print(c)<br># 输出: [[11  22  33]<br>[14  25  36]] | [[1 2 3] [4 5 6]] + [10 20 30] =><br>[[1 2 3] [4 5 6]] + [[10 20 30] [10 20 30]] =><br>[[11 22 33] [14 25 36]] |

续表

| 广播种类 | 示例代码 | 图示 |
|---|---|---|
| 多维数组的广播 | `import numpy as np`<br>`a = np.ones((8,1,6,1))`<br>`b = np.ones((7,1,5))`<br>`c = a + b`<br>`print(c)` | 1. 数组 (b) 补足维度后形状为 (1,7,1,5)<br>2. 在每一个维度上：<br>第一个维度：8 和 1 是兼容的。<br>a: (8,1,6,1) b: (8,7,1,5)<br>第二个维度：1 和 7 是兼容的。<br>a: (8,7,6,1) b: (8,7,1,5)<br>第三个维度：6 和 1 是兼容的。<br>a: (8,7,6,1) b: (8,7,6,5)<br>第四个维度：1 和 5 是兼容的。<br>a: (8,7,6,5) b: (8,7,6,5) |

## 2.4 KNN 识别手写数字实现

本节将手写数字图片转换为由 0 和 1 组成的数组矩阵文本文件，然后将这些文本文件进行分类，用于机器学习的训练和测试。按照软件开发的常规步骤进行：需求分析、设计、编码、测试。

知识微课堂 KNN 识别手写数字

技能微课堂 os 模块

技能微课堂 PIL 模块

技能微课堂 PNG 图片文件转 0-1 矩阵文本文件

### 2.4.1 需求分析

手写识别是指将手写设备上书写时产生的有序轨迹识别为规范的标准字的过程，实际上是将手写轨迹的坐标序列映射为标准字的编码，是人机交互中最自然、最方便的手段之一。

手写数字识别是 KNN（K-Nearest Neighbor，K- 近邻）算法中一个特别经典的实例。这个项目旨在将手写数字图片转换为文本形式的数字矩阵，并使用 K- 近邻算法进行数字识别。

经过分析，确定目标是开发一个程序，该程序能够完成以下功能：

（1）将存储在文件夹中的 PNG 格式的手写数字图片转换为由 0 和 1 组成的文本形式数字矩阵。

（2）将转换后的文本数据分为训练集和测试集。

（3）使用 K- 近邻算法对测试集中的数据进行分类，并输出分类结果。

程序的输入输出如下：

输入：手写数字的 PNG 图片。

输出：数字的分类结果。

接下来，按照软件开发的常规步骤进行具体实现，并给出测试部分的代码。

为了方便 K- 近邻算法中的距离计算，首先需要将手写数字的图片（PNG 格式）转换为由 0 和 1 组成的文本文件，以表示图片的黑白像素。然后，将这些文本文件分为训练集和测试集。

K- 近邻算法是一个在理论上比较成熟的分类算法。这是一种基于模式匹配思想的算法，虽然简单，但很有效，至今仍被使用。

K- 近邻算法的基本流程如下：

（1）计算测试数据与各个训练数据之间的距离；

（2）按照距离的递增关系进行排序；

（3）选取距离最小的 $K$ 个点；

（4）确定前 $K$ 个点所在类别的出现频率；

（5）返回前 $K$ 个点中出现频率最高的类别作为测试数据的预测分类。

简单总结，K- 近邻算法就是计算测试数据与每个训练数据的距离，取出距离最近的 $K$ 个训练数据的标签，以其中数量最多的标签作为测试数据的预测标签。

K- 近邻算法的核心是距离度量，常用的距离度量包括欧氏距离、曼哈顿距离和余弦相似度等。本章使用欧氏距离作为距离度量。在算法中，$K$ 值的选择也非常重要，通常需要通过交叉验证等方法来确定最优的 $K$ 值。

K-近邻算法的优点是简单且易实现，对数据没有假设，适用于各种类型的数据和问题；缺点是计算复杂度高，对于高维数据集和大数据集来说，K- 近邻算法的效率较低。此外，K- 近邻算法对噪声和冗余特征比较敏感，因此需要对数据进行预处理和特征选择。

### 2.4.2 设计

程序主要包含以下模块（或函数）：

（1）图片转换模块：将 PNG 图片转换为由 0 和 1 组成的文本矩阵。

（2）数据分拣模块：将文本数据分为训练集和测试集。

（3）K- 近邻算法模块：使用 K- 近邻算法对测试数据进行分类。

技术选型：使用 Python 语言，利用 PIL 库处理图片，使用 NumPy 库处理数据数组，使用 shutil 和 os 库处理文件和进行目录操作。

## 2.4.3 编码

```
import numpy as np
from os import listdir
from PIL import Image
import shutil
```

这段代码的作用是导入后续开发过程中需要使用的各种 Python 库和模块，具体包括：

（1）NumPy 是一个强大的数学库，提供了大量的矩阵运算功能，常用于科学计算。

（2）os 提供了一种便捷的方式来使用操作系统功能，这里使用 os 模块的 listdir 函数来获取目录下的文件列表。

（3）PIL（Python Imaging Library）的 Image 模块是一个强大的图像处理库，用于打开、操作和保存多种格式的图片。

（4）shutil 是 shell utility 的缩写。它是 Python 标准库中的一个模块，提供了许多高级的文件操作功能，用于简化常见的文件和目录操作任务。shutil 模块是 os 模块的补充，提供了复制、移动、删除文件和文件夹等高级功能，使得文件操作更加便捷和高效。通过 shutil 模块，用户可以轻松实现文件和目录的复制、移动和删除等操作，而无须编写复杂的代码。因此，shutil 模块在 Python 的文件和目录操作中扮演着重要的角色。

### 1. 图片转换模块

图片转换需要用到 os 模块和 PIL 库。

（1）os 模块。

os 是“operating system”的缩写，顾名思义，os 模块提供各种 Python 程序与操作系统进行交互的接口。通过使用 os 模块，程序可以方便地与操作系统进行交互。如果该模块中相关功能出错，则会抛出 OSError 异常或其子类异常。

os 模块中大多数函数接收路径作为参数，同时也接收“文件描述符”作为参数。文件描述符（file descriptor，fd）是一个与某个打开的文件对象绑定的整数，称为句柄。

os 模块的部分常用功能详见表 2-4。

**表 2-4　os 模块的部分常用功能**

| 功能 | 语法或说明 | 示例 |
|---|---|---|
| 当前 Python 运行环境 | os.name | `import os`<br>`os.name`<br>`'nt'` |

续表

| 功能 | 语法或说明 | 示例 |
|---|---|---|
| 环境变量 | os.environ<br>os.environ 属性可以返回与环境相关的信息，主要是各类环境变量。返回值是一个映射（类似字典类型），其中的各个键值对中，键是环境变量名，值则是环境变量对应的值 | `import os`<br>`# 环境变量是字典`<br>`# 返回环境变量path的前200个字符`<br>`os.environ['path'][:200]`<br>`'C:\\WINDOWS\\system32;C:\\WINDOWS;C:\\WINDOWS\\System32\\Wbem;C:\\WINDOWS\\System32\\WindowsPowerShell\\v1.0\\;C:\\WINDOWS\\System32\\OpenSSH\\;C:\\Program Files (x86)\\Microsoft SQL Server\\110\\DTS\\Binn\\;C:\\Program Fi'` |
| 列出目录下的全部路径和文件 | os.listdir()<br>“listdir” 即 “list directories”，用于列出（当前）目录下的全部路径和文件。该函数接受一个参数，用以指定要列出子目录的路径，默认为 “.”，即 “当前路径”。<br>函数返回值是一个列表，其中每个元素都是字符串，分别表示各路径名和文件名 | `import os`<br>`os.listdir()[:3]`<br>`['.ipynb_checkpoints', '02_KNN算法实战_手写数字识别02.py', '24点游戏.ipynb']` |
| 新建一个目录（路径） | os.mkdir()<br>“mkdir” 即 “make directory”，用于 “新建一个路径”。需要传入一个类路径参数，以指定新建路径的位置和名称，如果指定路径已存在，则会抛出 FileExistsError 异常 | `import os`<br>`os.mkdir('test_os_mkdir')` |
| 将传入路径规范化，返回一个相应的绝对路径格式的字符串 | os.path.abspath()<br>返回绝对路径 | `import os`<br>`os.path.abspath('.')`<br>`'D:\\jypyter_notebook\\编书\\数据分析'` |
| 判断路径所指向的位置是否存在 | os.path.exists() | `import os`<br>`os.path.exists('.')`<br>`True` |

（2）PIL 库。

PIL 是 Python 平台一个功能强大且简单易用的图像处理库。PIL 仅支持到 Python 2.7，一群志愿者在 PIL 的基础上创建了兼容 Python 3 的版本，名为 Pillow，可以通过安装 Pillow 来使用 PIL 的功能。

Anaconda 已经安装了 Pillow，Image 模块的部分常用功能详见表 2-5。

**表 2-5　Image 模块的部分常用功能**

| 功能 | 语法或说明 | 示例 |
| --- | --- | --- |
| 打开、显示、保存图片 | Image.open()<br>show()<br>save() | from PIL import Image<br><br>image = Image.open('黄山.jpg')<br>image.show()<br>image.save('黄山1.jpg')<br>print(image.mode, image.size, image.format)<br><br>RGB (1555, 937) JPEG |
| 转换图片模式 | convert()<br>任何支持的图片模式都可以直接转换为彩色模式或灰度模式 | from PIL import Image<br><br>image = Image.open('黄山.jpg')<br>image.show()<br>grey_image = image.convert('L')<br>grey_image.show()<br><br> |

续表

| 功能 | 语法或说明 | 示例 |
| --- | --- | --- |
| 通道分离合并 | split()<br>Image.merge()<br>彩色图像可以分离出 R、G、B 通道，但若是灰度图像，则返回灰度图像本身。然后，可以按照一定的顺序将 R、G、B 通道合并成彩色图像 | from PIL import Image<br><br>image = Image.open('黄山.jpg')<br>r, g, b = image.split()<br>im = Image.merge('RGB', (g, r, b))<br>im.show()<br> |
| 图片裁剪、旋转和改变大小 | crop()<br>transpose()<br>通过定义一个四元组，依次为左上角 X 坐标、Y 坐标，右下角 X 坐标、Y 坐标，可以对原图片的某一区域进行裁剪，经过处理后，可以将其粘贴回原位置 | from PIL import Image<br><br>image = Image.open('黄山.jpg')<br>box = (100, 100, 600, 600)<br>region = image.crop(box)<br>region = region.transpose(Image.ROTATE_180)<br>image.paste(region, box)<br>image.show()<br> |
| 像素值操作 | point() | from PIL import Image<br><br>image = Image.open('黄山.jpg')<br># 对每个像素值乘以 1.2<br>out = image.point(lambda i: i * 1.2)<br>source = image.split()<br># 将 R 通道进行二值化<br># i > 128 and 255，当 i <= 128 时，返回 False 也即 0，反之返回 255 |

续表

| 功能 | 语法或说明 | 示例 |
|---|---|---|
| 像素值操作 | point() | out = source[0].point(lambda i: i > 128 and 255)<br>out.show()<br> |
| 和 NumPy 数组之间的转化 | fromarray() | import numpy as np<br>from PIL import Image<br><br>image = Image.open('黄山.jpg')<br>array = np.array(image)<br>print(array.shape) #(937, 1555, 3)<br>out = Image.fromarray(array)<br>out.show()<br> |
| 获取图像中某一点的像素的 RGB 颜色值 | getpixel() | import numpy as np<br>from PIL import Image<br><br>image = Image.open('黄山.jpg')<br>image.getpixel((100,200))<br><br>(142, 156, 182) |

下面是图片转换的代码实现。

```
def png_to_txt(png_path, txt_path):
    """批量将固定尺寸的手写体图片转换成0-1数组矩阵文本文件

    :param png_path: png 图片文件夹，读取图片文件的目录
    :param txt_path: 0-1数组矩阵文本文件，0-1数组矩阵文本文件的存放目录
    :return: :class:'NoneType'
    :rtype: None
    """
    # 获取png文件的文件名列表
    pnglist = listdir(png_path)

    # 遍历每个png文件
    for i in pnglist:
        # 提取文件名（无扩展名）
        fname = i.split('.')[0]

        # 使用PIL库打开图像文件
        im = Image.open(png_path + '/' + i)

        # 创建一个新的文本文件，用于存储图像的0-1矩阵
        fh = open(txt_path + '/' + fname + '.txt', 'w+')

        # 遍历图像的每个像素（此处假设图像尺寸为32×32）
        for m in range(0, 32):
            for n in range(0, 32):
                # 获取当前像素的RGB值（元组形式）
                pix = im.getpixel((n, m))

                # 计算RGB值的和（对于黑白图像，黑色为(0,0,0)，白色为
(255,255,255)）
                pixs = pix[0] + pix[1] + pix[2]

                # 如果像素是黑色，写入“1”
                if pixs == 0:
                    fh.write('1')
```

```
            else:  # 否则，写入“0”
                fh.write('0')

        # 每处理完一行（32个像素），写入一个换行符
        fh.write('\n')

    # 关闭当前文本文件，继续处理下一个图像
    fh.close()
```

这段代码的功能是批量将 PNG 格式的手写数字图片转换成由 0 和 1 组成的数组矩阵文本文件。

参数说明：

（1）png_path：输入参数，指定包含 PNG 图片的文件夹路径。

（2）txt_path：输出参数，指定存放转换后的文本文件的目录。

功能实现：

首先，代码通过 listdir 函数获取 png_path 目录下所有 PNG 文件的文件名列表。

对于每个 PNG 文件，使用 PIL 库的 Image.open 方法打开图片。

创建一个新的文本文件，在该文件中存储转换后的 0 和 1 矩阵。文本文件的文件名与 PNG 图片相同，但扩展名为 .txt。

对于图片中的每个像素，通过 getpixel 方法获取其 RGB 值，并判断该像素的颜色：

（1）如果该像素为黑色（RGB 值为 (0,0,0)），则在文本文件中写入“1”。

（2）如果该像素为白色或任何其他颜色（RGB 值不为 (0,0,0)），则写入“0”。

每处理完一行像素（假设图像尺寸为 32×32，即每行 32 个像素），在文本文件中添加一个换行符，以保持矩阵的行结构。

处理完一个图片文件后，关闭文本文件，并继续处理下一个 PNG 图片文件。

假设与限制：

代码假设所有 PNG 图片的尺寸为 32×32 像素。

代码仅考虑 RGB 值完全为 0 的像素为黑色，其余为白色，没有考虑灰度或部分黑色的情况。

这个转换功能可以用于机器学习或图像处理的前期数据准备，特别是在处理手写数字识别等任务时，将图片转换为文本形式的数字矩阵，便于后续的数据处理和分析。

文件夹中的部分 PNG 图片如图 2-3 所示。

函数 png_to_txt 运行后，文本目录中文件如图 2-4 所示。

打开 0_01.txt，文件内容如图 2-5 所示，可以看到，1 的部分构成了 0 的样子。

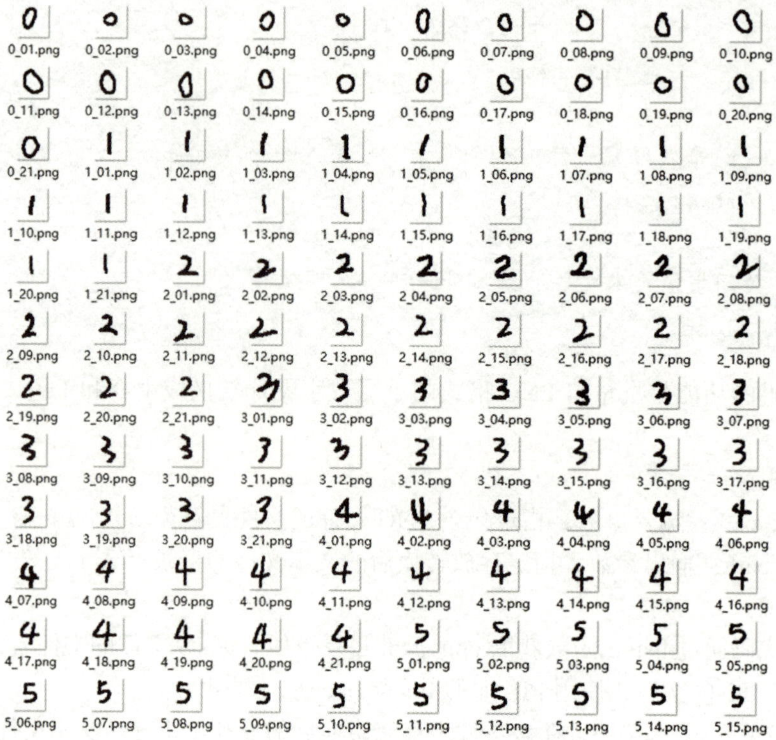


图 2-3　手写数字（32×32）图片

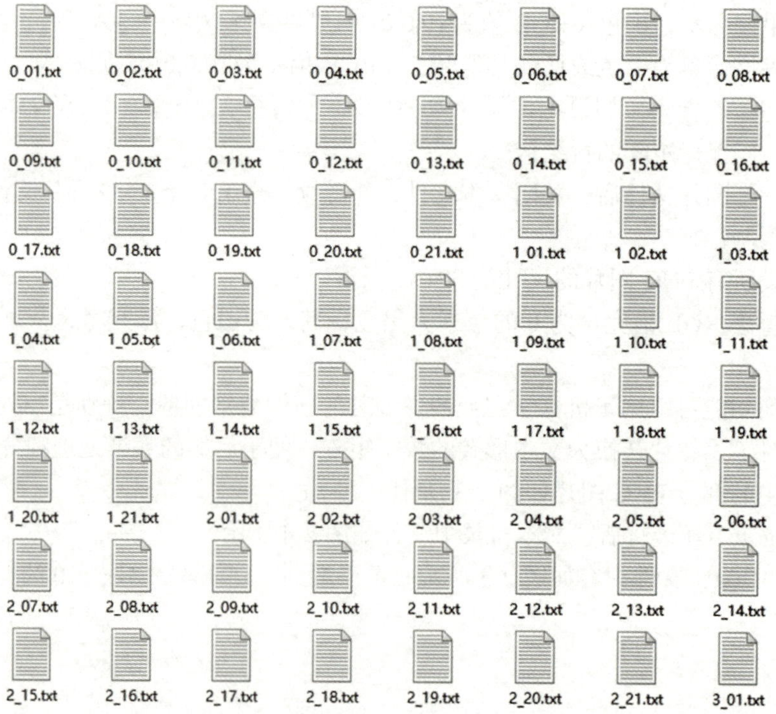


图 2-4　转换后的 TXT 文件

```
0_01.txt
00000000000000000000000000000000
00000000000000000000000000000000
00000000000000000000000000000000
00000000000000000000000000000000
00000000000001110000000000000000
00000000000111111100000000000000
00000000001111111110000000000000
00000000011100000110000000000000
00000000011100000111000000000000
00000000011000000111000000000000
00000000110000000111000000000000
00000001100000000111000000000000
00000011100000000111000000000000
00000011100000001110000000000000
00000011100000001110000000000000
00000011100000001100000000000000
00000011100000011100000000000000
00000011100000011100000000000000
00000011100000111000000000000000
00000001100000111000000000000000
00000001100001110000000000000000
00000001110011110000000000000000
00000000111111100000000000000000
00000000111110000000000000000000
00000000001100000000000000000000
00000000000000000000000000000000
00000000000000000000000000000000
00000000000000000000000000000000
00000000000000000000000000000000
00000000000000000000000000000000
00000000000000000000000000000000
00000000000000000000000000000000
```

图 2-5　TXT 文件的内容

## 2. 数据分拣模块

```
def move_data(txt_path, train_path, test_path):
    """将文件名为21的文件分拣出来作为测试集，其他文件为训练集.

    :param txt_path: 0-1数组矩阵文本文件的目录.
    :param train_path: 存放*_01.txt~*_20.txt训练集目录.
    :param test_path: 存放*_21.txt测试集目录.
    :return: :class:'NoneType'
```

```
    :rtype: None
    """
    # 读取txtpath目录下的所有文件名
    txtlist = listdir(txt_path)

    # 遍历目录中的每个文件
    for i in txtlist:
        try:
            # 分离文件名和扩展名，检查序号是否为“21”
            if (i.split('.')[0].split('_')[1] == “21” ):
                # 如果文件序号是21，则将文件移动到测试集目录
                shutil.move(txt_path + '/' + i, test_path)
            else:
                # 否则，将文件移动到训练集目录
                shutil.move(txt_path + '/' + i, train_path)
        except:
            # 如果文件名格式不正确或发生其他错误，则忽略该文件
            pass
```

这段代码的主要作用是将特定目录下的文本文件分拣到训练集和测试集中。

参数说明：

（1）txt_path：文本文件的原始目录，即存放由 0 和 1 组成的数组矩阵文本文件的目录。

（2）train_path：训练集目录，用于存放命名为 *_01.txt 到 *_20.txt 的文件。

（3）test_path：测试集目录，用于存放命名为 *_21.txt 的文件。

功能实现：

首先，使用 listdir 函数读取 txt_path 目录下的所有文件名。

然后，遍历这些文件名，对每个文件名进行处理：

（1）分离文件名和扩展名，并检查文件名中的数字部分是否为“21”。

（2）如果文件名中的数字是“21”，则使用 shutil.move 函数将该文件移动到测试集目录 test_path。

（3）如果数字不是“21”，则将文件移动到训练集目录 train_path。

最后，在文件处理过程中，如果遇到文件名格式不符或其他异常情况，那么代码会捕获异常并忽略该文件，继续处理下一个文件。

异常处理：

代码中使用了异常处理机制（try-except），以防在文件名解析或文件移动过程中出现错误。

move_data 函数运行后，文本目录中文件如图 2-6 所示。

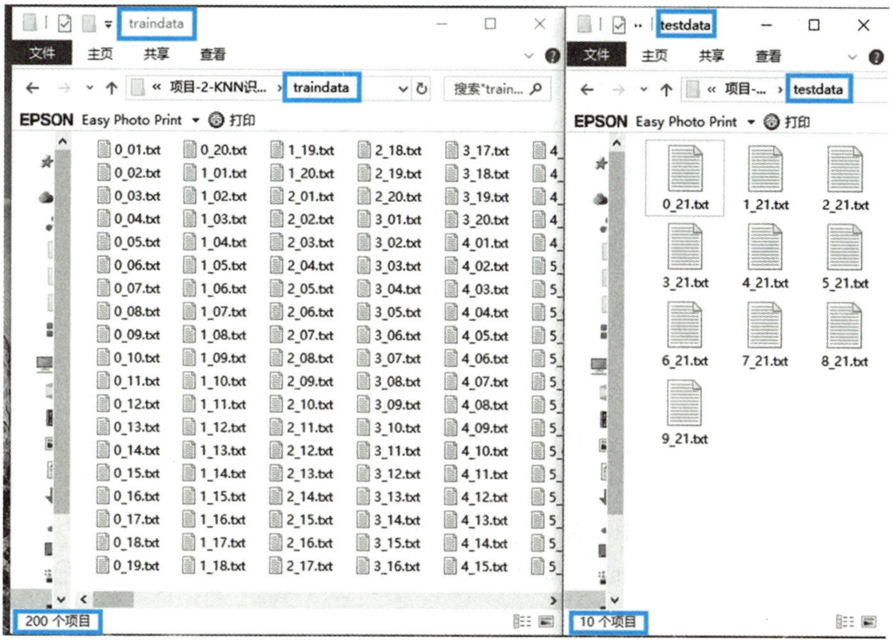

图 2-6　训练集与测试集

200 个文本文件作为训练集，每个数字对应 20 个训练文件，文件名下划线之前的数字作为标签。而 10 个文本文件作为测试集，每个数字对应 1 个测试文件，同样使用文件名下划线之前的数字作为标签。

### 3. K- 近邻算法模块

```
def load_one_text_data(file_name):
    """将文本文件读出转换成列表.

    :param file_name: 文本文件.
    :return: :class:'list'
    :rtype: 长度是1024的列表
    """
    # 初始化一个空列表，用于存储从文本文件中读取的数字
    arr = []

    # 使用with语句确保文件在读取后被正确关闭
    with open(file_name) as fh:
        # 读取32行文本
        for i in range(0, 32):
            # 读取当前行的文本
            thisline = fh.readline()
```

```
            # 遍历当前行的每个字符，并转换为整数（0或1），然后添加到列表中
            for j in range(0, 32):
                arr.append(int(thisline[j]))

    # 返回填充完毕的数字列表
    return arr
```

这段代码的主要功能是读取一个文本文件，并将其内容转换成一个长度为1024的列表。

参数说明：

file_name：待读取的文本文件名，函数将从该文件中读取数据。

功能实现：

初始化一个空列表arr，用于存储从文件中读取的数字。

使用with语句打开file_name指定的文件，这样可以确保文件在读取完成后被正确关闭。

通过一个循环读取文件的前32行，假设每个文本文件中有32行数据，每行包含32个字符。

对于每行读取到的文本，再使用一个循环遍历这一行的每个字符。

将每个字符（“0”或“1”）转换为整数（0或1），并将其添加到列表arr中。

最终，函数返回填充完毕的列表。

返回值：

返回一个长度为1024的列表，列表中的元素为整数0或1，代表文本文件中按顺序读取的二进制数据。

```
def load_train_data(train_path):
    """将文本文件读出转换成列表，建立训练数据

    :param train_path: 训练数据文本文件的目录路径.
    :return: :class:'tuple'
    :rtype: (200*1024的ndarray,200的list)
    """
    # 初始化标签列表
    labels = []

    # 获取train_path目录下的所有训练文本文件列表
    trainfile = listdir(train_path)

    # 初始化一个二维NumPy数组，用于存储所有训练样本的特征数据
```

```
    trainarr = np.zeros((len(trainfile), 1024))

    # 遍历每个训练文件
    for i in range(0, len(trainfile)):
        # 从文件名中提取标签（label）
        thislabel = trainfile[i].split('.')[0].split('_')[0]

        # 检查标签是否存在，并添加到标签列表中
        if len(thislabel) != 0:
            labels.append(int(thislabel))

        # 使用之前定义的data2array函数，将文本文件转换为一个特征向量，并存
储在trainarr中
        trainarr[i, :] = load_one_text_data(trainpath + trainfile[i])

    # 返回特征数据和标签
    return trainarr, labels
```

这段代码的主要目的是读取指定目录下的训练数据文本文件，并将其转换为适用于机器学习训练的数据格式。

参数说明：

train_path：训练数据文本文件的目录路径。

功能实现：

初始化一个空列表 labels，用于存储每个训练样本的标签。

使用 listdir 函数获取 train_path 目录下所有训练文本文件的列表。

根据训练文件的数量，初始化一个二维的 NumPy 数组 trainarr，其形状为 (len(trainfile), 1024)，用于存储所有训练样本的特征数据。每个样本的特征数据是一个长度为 1024 的一维数组。

遍历每个训练文件，从文件名中提取标签（label），通常文件名的一部分表示了样本的类别，并将提取的标签添加到 labels 列表中。调用 load_one_text_data 函数（假设存在于上下文中），将每个文本文件转换成一个长度为 1024 的特征向量，并将这些特征向量逐个存储到 trainarr 数组中。

最终函数返回一个元组，包含两个元素：trainarr 和 labels。trainarr 是一个二维数组，包含所有训练样本的特征向量；labels 是一个列表，包含对应每个样本的标签。

返回值：

返回的是一个元组，其中包括一个形状为（200，1024）的 ndarray（表示 200 个训练样本）和一个长度为 200 的列表，列表中存储每个训练样本的标签。

```
def knn_classify(k, test_data, train_data, labels):
    '''
    使用K-近邻算法对测试数据进行分类。该方法通过计算待分类样本与训练数据集
中每个样本之间的欧氏距离，选取距离最近的K个训练样本，根据这些样本的标签通过
投票的方式来预测测试样本的分类标签。

    算法步骤:
    1. 计算测试样本与训练数据集中每个样本的欧氏距离。
    2. 根据距离将训练样本进行排序。
    3. 选取距离最近的K个训练样本。
    4. 根据这K个样本的标签进行投票，票数最多的标签作为预测结果。

    注意：本实现不包含距离加权和其他优化。

    :param k: 指定近邻的数量，是一个正整数。
    :param test_data: 待分类的测试数据，是一个一维的numpy ndarray。
    :param train_data: 训练数据集，是一个二维的numpy ndarray，每行代表一个
样本，每列代表一个特征。
    :param labels: 训练数据集对应的标签列表，每个元素是一个整数或字符串，表
示对应训练样本的类别标签。

    :return: 返回一个表示测试数据预测分类标签的整数或字符串。
    '''
    # 获取训练数据的样本数量
    traindatasize = train_data.shape[0]

    # 计算测试数据与每个训练数据之间的差异
    # 形状不同，test_data会被广播成train_data形状
    dif = train_data - test_data
    # 计算每个元素的平方差
    sqrdif = dif**2
    # 对每一行的平方差进行求和
    sumsqrdif = sqrdif.sum(axis=1)
    # 计算欧氏距离
    distance = sumsqrdif**0.5
```

```
# 对欧氏距离进行排序，并获取排序后的索引
sorted_distance = distance.argsort()

# 初始化一个字典来统计标签的出现次数
count = {}
for i in range(0,k):
    # 获取对应的标签
    vote = labels[sorted_distance[i]]
    # 计票
    count[vote] = count.get(vote,0)+1

# 对标签的票数进行排序
sorted_count = sorted(count.items(),key=lambda x:x[1],reverse=True)

# 返回票数最多的标签
return sorted_count[0][0]
```

这段代码实现了 K- 近邻算法，用于对测试数据进行分类。

它主要通过以下步骤来预测测试数据的分类标签：

（1）计算距离：首先，计算待分类的测试样本与训练数据集中每个样本之间的欧氏距离。

（2）排序：根据计算出的欧氏距离，将训练样本进行升序排序。

（3）选择邻居：选取距离最近的 *K* 个训练样本作为“邻居”。

（4）投票决策：根据这 *K* 个邻居样本的标签进行投票，票数最多的标签被认为是测试样本的预测分类。

该算法的关键参数包括：

（1）k：近邻的数量，是一个正整数，决定了有多少个邻近的训练样本会被用来对测试样本进行分类。

（2）test_data：待分类的测试样本，是一个一维的 NumPy 数组。

（3）train_data：训练数据集，是一个二维的 NumPy 数组，其中每行代表一个样本，每列代表一个特征。

（4）labels：训练数据集对应的标签列表，包含每个训练样本的分类标签。

该算法的实现不包括距离加权或其他优化措施，仅依赖于简单的多数投票机制来确定测试样本的分类，这使得算法易于理解和实现。

4. 主程序

```
# 定义存放手写数字图片的目录路径
pngpath = './png'
# 定义保存转换后的数字矩阵图片的目录路径
txtpath = './txt'
# 定义存放训练数据的目录路径
trainpath = './traindata/'
# 定义存放测试数据的目录路径
testpath = './testdata/'

# 将PNG格式的手写数字图片转换为文本形式的数字矩阵
# 并保存到指定目录
png_to_txt(pngpath, txtpath)

# 对转换后的数字矩阵图片进行整理，分为训练数据和测试数据
move_data(txtpath, trainpath, testpath)

# 使用之前定义的load_train_data函数，获取训练数据的特征和标签
trainarr, labels = load_train_data(trainpath)

# 获取测试数据目录下的所有文件名
testfiles = listdir(testpath)

# 遍历每一个测试文件
for i in range(0, len(testfiles)):
    # 从测试文件名中提取实际的数字标签
    testpicname = testfiles[i].split('_')[0]

    # 使用之前定义的load_one_text_data函数，将当前测试文件转换为特征向量
    testarr = load_one_text_data(testpath + testfiles[i])

    # 使用K-近邻算法对当前测试样本进行分类
    # 这里选择的K值为2
    result = knn_classify(2, testarr, trainarr, labels)

    # 打印当前测试样本的实际标签和预测结果
    print(f'真正数字:{testpicname}\t测试结果为:{result}')
```

这段代码描述了将 PNG 格式的手写数字图片转换为文本形式的数字矩阵，并使用 K–近邻算法对这些手写数字进行分类的完整过程。具体步骤和逻辑如下：

（1）图片转换：使用 png_to_txt 函数将存放在 pngpath 目录下的 PNG 格式的手写数字图片转换为文本形式的数字矩阵，并将转换后的文件保存到 txtpath 目录。

（2）数据整理：使用 move_data 函数对 txtpath 目录下转换后的数字矩阵图片进行整理，分别移动到训练数据目录 trainpath 和测试数据目录 testpath 中，为后续的训练和测试准备数据。

（3）加载训练数据：通过 load_train_data 函数加载 trainpath 目录下的训练数据，获取训练数据的特征和对应的标签。

（4）测试数据分类：遍历 testpath 目录下的每一个测试文件，对每个测试样本执行以下操作：

① 从文件名中提取实际的数字标签。

② 使用 load_one_text_data 函数将测试文件转换为特征向量。

③ 调用 knn_classify 函数，传入参数 $K$=2，对当前测试样本进行分类，得到预测结果。

④ 打印测试样本的实际标签和预测结果，以便比较和分析。

这个过程展示了从原始的手写数字图片到最终分类结果的全过程，包括数据的预处理、特征提取和使用机器学习算法进行分类。其中，选择 $K$=2 的 K– 近邻算法，意味着对于每个测试样本，算法会在训练数据中寻找最近的 2 个邻居，并根据这些邻居的标签来预测测试样本的标签。

下面是运行结果。

真正数字：0　　　测试结果为：0
真正数字：1　　　测试结果为：1
真正数字：2　　　测试结果为：2
真正数字：3　　　测试结果为：3
真正数字：4　　　测试结果为：0
真正数字：5　　　测试结果为：5
真正数字：6　　　测试结果为：6
真正数字：7　　　测试结果为：7
真正数字：8　　　测试结果为：8
真正数字：9　　　测试结果为：9

其中数字 4 被识别成 0，所以准确率为 90%。

## 2.4.4　测试

### 1. 单元测试

针对每个模块编写测试用例，以 Python 的 unittest 框架为例进行说明。

图片转换模块测试如下：

```
import unittest

class TestPngToTxt(unittest.TestCase):
    def test_png_to_txt(self):
        # 定义存放手写数字图片的目录路径
        pngpath = './png'
        # 定义保存转换后的数字矩阵图片的目录路径
        txtpath = './txt'
        # 将PNG格式的手写数字图片转换为文本形式的数字矩阵
        # 并保存到指定目录
        png_to_txt(pngpath, txtpath)
        trainfile = listdir(txtpath)
        self.assertEqual(len(trainfile),10*21)

# 在Jupyter中运行unittest
def run_tests():
    loader = unittest.TestLoader()
    suite = loader.loadTestsFromTestCase(TestPngToTxt)
    runner = unittest.TextTestRunner(verbosity=2)
    runner.run(suite)

run_tests()
输出:
test_png_to_txt (__main__.TestPngToTxt) ... ok
----------------------------------------------------------------------
Ran 1 test in 0.444s
OK
```

这段代码使用了 unittest 框架，它是 Python 标准库中的一个单元测试框架，用于编写和执行测试。单元测试是软件测试的一种，用于测试软件的最小可测试单元。在这个例子中，测试的焦点是前面提到的 png_to_txt 函数，确保它能正确地将 21×10 个 PNG 文件处理成 210 个 TXT 文件。

这个 run_tests 函数是为了在 Jupyter Notebook 环境中方便地运行测试。在标准 Python 脚本或命令行中，通常会使用 unittest.main() 来自动发现和运行测试，但在 Jupyter 中，使用这种方法不起作用。因此通过创建测试加载器（TestLoader），将测试用例类（TestPngToTxt）加载到测试套件（suite）中，然后使用测试运行器（TextTestRunner）来执行这些测试。verbosity=2 表示测试运行时的详细程度。

### 2. 集成测试

测试整个程序能否正确地集成运行，这里略去说明，因为主程序已经集成所有函数。

## 本章小结

NumPy 以核心数据结构 ndarray 为载体，借助 ufunc 的元素级运算和广播机制，实现了高效的数组向量化计算。

本章详细介绍了 NumPy 库在科学计算中的应用，特别是在数据分析与机器学习领域中的核心作用。本章通过“KNN 识别手写数字”项目实例，展示了 NumPy 在处理多维数组对象、执行高效的向量化运算以及实现复杂数学函数中的强大能力。读者学习了如何使用 NumPy 进行数组的创建、操作、索引、切片以及广播机制等高级特性，并掌握了利用 NumPy 解决线性代数和统计学问题的基本方法。

## 课后练习

### 1. 简答与编程题

（1）创建单位矩阵：创建一个大小为 10×10 的单位矩阵。

（2）数组切片：创建一个大小为 10 的数组，获取第 2 到第 5 项。

（3）反转数组：创建一个大小为 10 的数组，将其元素顺序反转。

（4）归一化：创建一个 5×5 的随机数组并归一化。

（5）数组索引：创建一个大小为 10 的随机数组，并找到其中第三大的值。

（6）数组逆序：编写一个程序，使用 NumPy 将一个给定的数组元素顺序颠倒。

（7）形状修改：编写一个程序，使用 NumPy 将一个 4×4 的数组转换为 2×8 的数组。

（8）标准化数组：编写一个程序，使用 NumPy 将给定数组的所有元素标准化到 0 到 1 之间。

（9）计算数组平均值：编写一个程序，使用 NumPy 计算给定数组的平均值。

### 2. 实训

本实训使用著名的鸢尾花数据集（Iris dataset），该数据集包含三种不同种类鸢尾花的萼片长度、宽度和花瓣长度、宽度等四个特征。本实训通过实现一个基于 NumPy 的 KNN 分类器，可以对未知种类的鸢尾花进行分类。

## 课后思考

在学习了第 2 章“NumPy 与科学计算”之后，结合国家科技发展成就，深入探讨如何将工匠精神和自主创新理念融入我国的科技产业布局与发展之中。

回顾过去十年，我国在高质量发展中取得了举世瞩目的成就。例如，以“飞腾”“龙芯”为代表的国产 CPU 研发团队，在关键核心技术上实现了突破，不仅提升了我国在计算机硬件领域的自主可控能力，也为科学计算等诸多领域提供了强大的计算平台支撑。同时，阿里巴巴、华为等公司在云计算和大数据处理方面的技术创新，为数字中国的建设奠定了坚实基础，助力我国成功进入创新型国家行列。

课后，请读者结合以上内容，思索以下问题：

（1）结合我国目前科技领域的“卡脖子”问题，你认为在哪些方面可以进一步发挥开源计算工具的作用，促进我国自主研发的科学计算生态体系建设？

（2）党的二十大报告提出构建现代化基础设施体系，面对数字经济时代的新要求，如何将科学计算技术更好地应用于新型基础设施建设，推进数字中国的发展进程？

通过对这些问题的思考与讨论，希望读者能够更加明确自身在未来科技浪潮中的定位，以实际行动响应国家号召，为我国科技创新的伟大事业贡献自己的一份力量。

# 第 3 章 Pandas 与数据分析

Pandas 是 Python 中一个强大的数据处理与分析库，它提供了快速、灵活且功能强大的数据结构，专为处理结构化（表格型）、异构型数据而设计。通过本章的学习，读者将深入理解 Pandas 库在数据分析中的重要作用，并学会如何利用 Pandas 进行高效的数据处理和分析。

## 学习目标

### 知识目标

理解 Pandas 库的特点及在数据分析中的核心作用，熟悉 DataFrame 和 Series 数据结构，掌握数据的载入、清洗、转换和处理等技巧；了解如何利用 Pandas 进行复杂的数据分组、合并和重塑操作，并学习时间序列数据的处理方法。

### 能力目标

能够熟练使用 Pandas 进行数据集的导入、清洗、探索和分析，解决实际问题中的数据处理和分析需求，为深入学习数据挖掘、机器学习等更高级领域的知识打下基础。

### 素养目标

培养对数据分析流程的全面理解，提高在真实场景下处理和分析大规模数据集的能力，增强数据逻辑思维和问题解决能力，加深对 Python 数据分析生态系统的理解。

## 知识导图

本章内容主要围绕 Pandas 库的功能和应用展开，涵盖以下几个部分：数据结构的理解、数据的读取与存储、数据清洗与准备、数据合并与重塑、数据聚合与分组操作，以及时间序列数据的处理等。通过实际案例“期末成绩处理分析”，读者将体会到 Pandas 在数据分析中的实用性和高效性。Pandas 核心知识如图 3-1 所示。

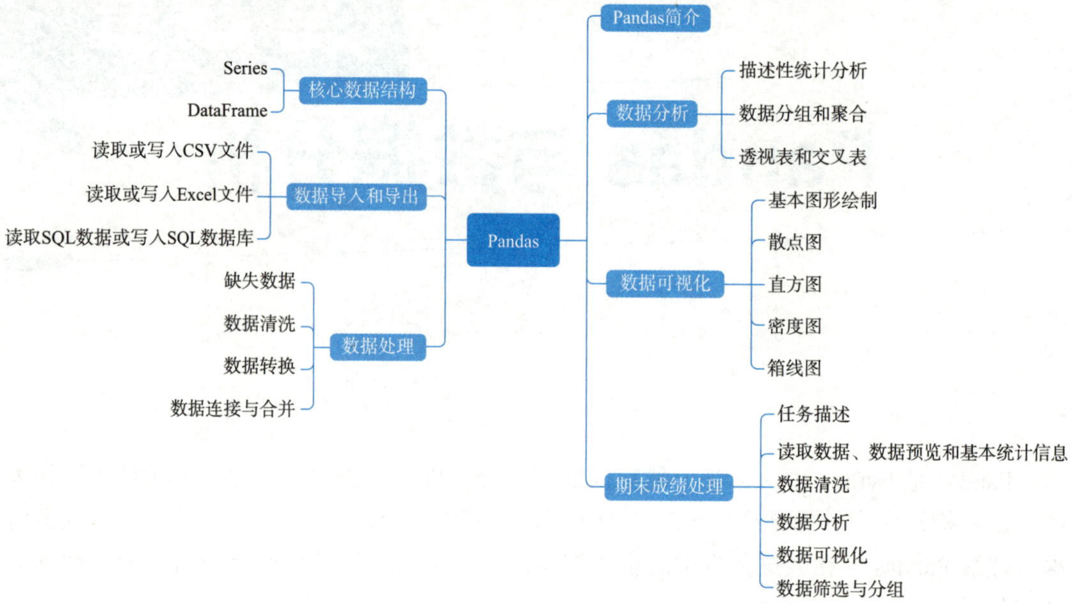


**图 3-1　Pandas 核心知识**

通过本章的学习，读者将熟练掌握 Pandas 库在数据分析中的应用，为处理更复杂的数据分析任务打下坚实的基础。

## 3.1 Pandas 简介

Pandas 是一个开源的 Python 数据分析库，它的名称来源于“Panel Data”（面板数据）和“Python Data Analysis”（Python 数据分析）两个词语的组合。自 2008 年推出以来，Pandas 已经成为数据科学领域中备受欢迎和广泛使用的工具之一。该库提供高性能、易用的数据结构和数据分析工具，特别适合处理和分析数值、表格和时间序列数据。

Pandas 最核心的两个数据结构是 Series 和 DataFrame。

Series 是一种一维标签化数组结构，可以存储任何数据类型（如整数、字符串、浮点数、Python 对象等）。每个 Series 都有一个索引，这个索引可以标记每个数据点。

DataFrame 是一种二维标签化数据结构，类似于 Excel 电子表格或 SQL 表，其中每列可以是不同的数据类型（如数值、字符串、布尔值等）。DataFrame 既有行索引也有列索引，可以视为由 Series 组成的字典。

Pandas 库的设计目标是成为 Python 中最优秀的数据分析和处理库，因此它在数据处理方面提供了非常丰富的功能，包括但不限于：

（1）数据清洗：提供了大量的函数和方法来清洗脏乱的数据，使其变得整洁并易于分析。例如，去除数据集中的缺失值，或者根据特定规则填充缺失值等。

（2）数据过滤与抽取：支持根据标签、位置或条件等过滤数据，并选择数据的特定部分进行分析。

（3）数据合并与重塑：支持多种方式将多个数据集合并成一个数据集，并可以将数据集重塑成新的形状。

（4）数据聚合与分组运算：支持对数据集进行分组，并应用聚合函数进行统计分析，非常适合于数据挖掘中的分组操作和摘要统计。

（5）数据可视化：虽然 Pandas 本身不是专门的数据可视化库，但它可以与 Matplotlib、Seaborn 等 Python 可视化工具配合使用，生成各种图表，直观地展示数据分析结果。

总之，Pandas 通过提供简单、高效且强大的数据结构和分析工具，极大地提升了 Python 在数据分析领域的应用能力和效率。对于每一个希望深入数据分析和数据科学领域的人来说，学习和掌握 Pandas 都是一项非常重要的技能。

## 3.2 Pandas 核心数据结构

Pandas 核心数据结构如图 3-2 所示。

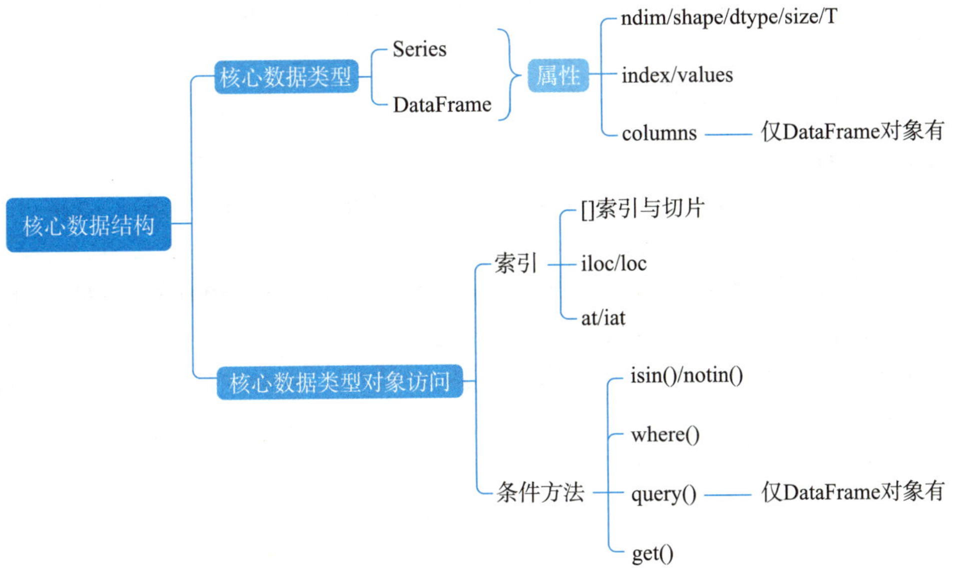


图 3-2　Pandas 核心数据结构

### 3.2.1　Series 对象创建

Series 对象的结构如图 3-3 所示。

知识微课堂

Pandas 核心数据结构——Series

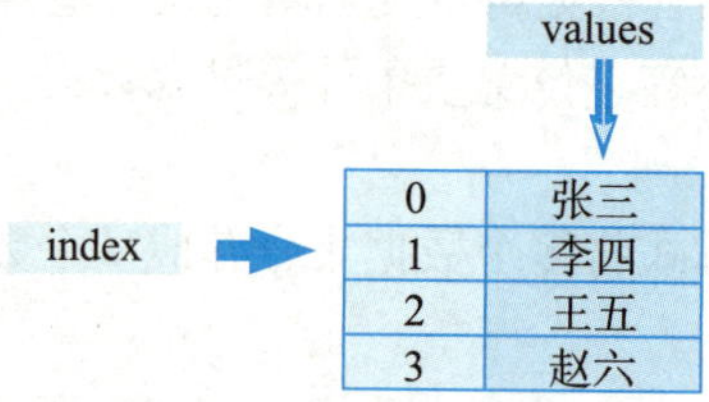


图 3-3　Series 对象的结构

Series 对象的主要属性包括：

- ndim：表示基础数据的维数，按定义，对于 Series 对象，此值始终为 1。
- shape：表示基础数据形状的元组。
- dtype：表示基础数据的类型（dtype）对象。
- size：表示基础数据中的元素数量。
- T：表示转置操作。
- index：索引，即行标签。
- values：将 Series 返回为 ndarray 或类 ndarray。

### 1. 根据列表、元组、NumPy 的 ndarray 创建

可以根据列表、元组、NumPy 的 ndarray 以及字典创建 Series 对象，但是集合不支持直接创建，因为集合是无序的，可以先将集合转换成列表再将其内容创建成 Series。

以下是以元组为例的创建方式。

```
import pandas as pd
# Series组成部分：pd.Series(data=None, index=None, dtype=None, name=None,
copy=False, fastpath=False)
# 可以通过index参数指定索引，如果不指定索引，Series则会自动从0开始生成索
引，叫作隐式索引
s = pd.Series(data=('张三','李四','王五','赵六'),index=['A','B','C','D'],
name='人员')
print('ndim\t属性值：{}'.format(s.ndim))
print('shape\t属性值：{}'.format(s.shape))
print('dtype\t属性值：{}'.format(s.dtype))
print('size\t属性值：{}'.format(s.size))
print('T\t属性值：\n{}'.format(s.T))
print('index\t属性值：{}'.format(s.index))
print('values\t属性值：{}'.format(s.values))
#Series对象没有columns属性

print('Series对象的值：\n{}'.format(s))
```

```
输出:
ndim    属性值:  1
shape   属性值:  (4,)
dtype   属性值:  object
size    属性值:  4
T       属性值:
A  张三
B  李四
C  王五
D  赵六
Name:  人员, dtype: object
index   属性值: Index(['A', 'B', 'C', 'D'], dtype='object')
values  属性值: ['张三' '李四' '王五' '赵六']
Series对象的值:
A  张三
B  李四
C  王五
D  赵六
Name: 人员, dtype: object
```

2. 根据字典创建

```
import pandas as pd

# 字典的key作为index, value作为data, 因此根据字典创建时, 不需要手动指定index
s = pd.Series(data={'A':'张三','B':'李四','C':'王五','D':'赵六'},name=
'人员')

print('Series对象的值: \n{}'.format(s))
输出:
Series对象的值:
A    张三
B    李四
C    王五
D    赵六
Name: 人员, dtype: object
```

## 3.2.2 Series 对象访问

### 1. Series 对象的索引形式访问

Series 对象的索引和切片方式与 Python 的序列（如 list、tuple、str 和 range 等）以及 NumPy 的 ndarray 的索引和切片一致。

```
import pandas as pd
s = pd.Series(data=('张三','李四','王五','赵六'),index=['A','B','C','D'],
name='人员')
prompt='以下为单行(个)索引操作结果'
print('='*20+prompt+'='*20)
#取某一行，也可以说取某个元素，第一个为隐式索引，第二个为显式索引
print(type(s[0]),type(s['A']))
print(s[0],s['A'])
prompt='以下为多行(个)索引操作结果'
print('='*20+prompt+'='*20)
#取多行时，里面则是列表，可存储多个，生成的副本依然是Series类型
#第一个为隐式索引，第二个为显式索引
print(type(s[[0,1]]),type(s[['A','B']]))
print(s[[0,1]],s[['A','B']])
prompt='以下为切片操作结果'
print('='*20+prompt+'='*20)
#切片操作，隐式索引遵循左闭右开的区间规则，最后一个不取
print(type(s[0:2]))
print(s[0:2])
#切片操作，显式索引时全取
print(type(s['A':'C']))
print(s['A':'C'])
输出：
====================以下为单行(个)索引操作结果====================
<class 'str'> <class 'str'>
张三 张三
====================以下为多行(个)索引操作结果====================
<class 'pandas.core.series.Series'> <class 'pandas.core.series.Series'>
A     张三
B     李四
Name: 人员, dtype: object
A    张三
```

```
B      李四
Name: 人员, dtype: object
====================以下为切片操作结果====================
<class 'pandas.core.series.Series'>
A      张三
B      李四
Name: 人员, dtype: object
<class 'pandas.core.series.Series'>
A      张三
B      李四
C      王五
Name: 人员, dtype: object
```

（1）iloc 和 loc 的使用。

iloc：基于位置的纯整数索引，用于按位置选择。“.iloc[]”主要是基于整数位置进行索引（从 0 到 length-1），也可以与布尔值一起使用，以选择符合条件的元素。

loc：通过标签或布尔数组访问一组行和列。“.loc[]”主要是基于标签进行索引，也可以用布尔值数组来筛选数据。

```
import pandas as pd
s = pd.Series(data=('张三','李四','王五','赵六'),index=['A','B','C','D'],
name='人员')
prompt='以下为iloc操作结果'
print('='*20+prompt+'='*20)
#iloc用来专门对隐式索引进行相关操作，遵循左闭右开区间的原则，最后一个不取
print(type(s.iloc[0:2]),type(s.iloc[[0,1]]))
print(s.iloc[0:2])
print(s.iloc[[0,1]])
print(s.iloc[[True,True,False,False]])

prompt='以下为loc操作结果'
print('='*20+prompt+'='*20)
#loc用来专门对显式索引进行相关操作
print(type(s.loc['A':'B']),type(s.loc[['A','B']]))
print(s.loc['A':'B'])
print(s.loc[['A','B']])

print(s.loc[[True,True,False,False]])
```

```
输出:
====================以下为iloc操作结果====================
<class 'pandas.core.series.Series'> <class 'pandas.core.series.Series'>
A      张三
B      李四
Name: 人员, dtype: object
A      张三
B      李四
Name: 人员, dtype: object
A      张三
B      李四
Name: 人员, dtype: object
====================以下为loc操作结果====================
<class 'pandas.core.series.Series'> <class 'pandas.core.series.Series'>
A      张三
B      李四
Name: 人员, dtype: object
A      张三
B      李四
Name: 人员, dtype: object
A      张三
B      李四
Name: 人员, dtype: object
```

（2）iat 和 at 的使用。

"iat" 按整数位置访问行 / 列对的单个值，类似于 "iloc" 的用法，但 "iat" 返回单个值。同理，"at" 类似于 "loc" 的用法。

```
import pandas as pd
s = pd.Series(data=('张三','李四','王五','赵六'),index=['A','B','C','D'],
name='人员')
prompt='以下为iat操作结果'
print('='*20+prompt+'='*20)
#ilat用来专门对隐式索引进行相关操作，返回一个值
print(type(s.iat[0]))
print(s.iat[0])


prompt='以下为at操作结果'
```

```
print('='*20+prompt+'='*20)
#at用来专门对显式索引进行相关操作，返回一个值
print(type(s.at['A']))
print(s.at['A'])
输出：
====================以下为iat操作结果====================
<class 'str'>
张三
====================以下为at操作结果====================
<class 'str'>
张三
```

总结：在 Pandas 中，Series 是一个一维数组对象，可以使用以下五种索引器进行索引和切片：

（1）[]：可以使用整数、切片或布尔数组进行索引或切片，如 s[0]、s[:5]、s[s > 0]。当使用整数作为索引时，若索引本身是整数类型，则使用位置索引，否则使用标签索引。

（2）.iloc：使用整数位置进行索引或切片，如 s.iloc[0]、s.iloc[:5]、s.iloc[[0, 2, 4]]。“iloc”仅接受整数位置索引，不支持标签索引。

（3）.loc：使用标签进行索引或切片，如 s.loc['label']、s.loc[['label1', 'label2', 'label3']]、s.loc['label1':'label5']。“loc”仅接受标签索引，不支持整数位置索引。

（4）.iat：使用整数位置索引单个元素，如 s.iat[0]。“iat”仅返回单个标量值，不支持切片或布尔数组索引。

（5）.at：使用标签索引单个元素，如 s.at['label']。“at”仅返回单个标量值，不支持切片或布尔数组索引。

需要注意的是，当使用整数索引时，使用“[]”和“.iloc”的行为可能是不同的，因为“[]”可以同时支持整数和标签索引。例如，如果 Series 的索引是连续的整数，那么 s[0] 和 s.iloc[0] 的结果是一样的；但是如果索引不是连续的整数，如 Series 的索引为 [1, 3, 5]，则 s[0] 会引发 KeyError，而 s.iloc[0] 的结果是 Series 中的第一个元素。

### 2. Series 对象的其他访问形式

“isin”方法用于检查 Series 中的元素是否包含在给定的“值”序列中。返回一个布尔序列，显示该序列中的每个元素是否精确匹配传递的“值”序列中的任意元素。

“notin”与“isin”正好相反。

```
import pandas as pd
s = pd.Series(data=('张三','李四','王五','赵六'),index=['A','B','C','D'],
name='人员')
prompt='以下为isin操作结果'
```

```
print('='*30+prompt+'='*30)

print(s.isin(['张三','王五']))
输出:
==============================以下为isin操作结果==============================
A     True
B    False
C     True
D    False
Name: 人员, dtype: bool
```

Pandas.Series.where 方法用于根据给定条件筛选 Series 对象中的数据，并将不满足条件的数据替换为指定的值。具体来说，该方法的语法为：

```
Series.where(cond, other=nan, inplace=False, axis=None, level=None, errors='raise')
```

其中，参数含义如下：

cond：一个布尔型 Series，用于对原始 Series 对象中的数据进行筛选。

other：一个标量值或与原始 Series 对象长度相同的 Series 对象，用于替换不满足条件的数据。

inplace：一个布尔型值，表示是否在原始 Series 对象上进行修改。

axis：一个整数值，表示在哪个维度上进行筛选。

level：一个整数值或标签名，用于多层索引时，表示在哪个层级上进行筛选。

errors：一个字符串值，表示处理错误的方式。

该方法返回一个新的 Series 对象，或在 inplace 为 True 时返回修改后的原始 Series 对象。

例如，假设有一个 Series 对象 data，想要将其中小于 0 的数据替换为 0，可以使用以下代码：

```
import pandas as pd

data = pd.Series([-1, 2, 3, -4, 5])
data = data.where(data >= 0, 0)
print(data)
输出:
0    0
1    2
2    3
3    0
4    5
dtype: int64
```

Pandas.Series.get 方法可以获取 Series 对象中指定索引标签的值，如果该索引不存在，则返回指定的默认值。具体来说，该方法的语法为：

```
Series.get(key, default=None)
```

其中，参数含义如下：

key：一个标量值或索引标签，用于指定要获取的值的位置。

default：一个标量值，表示当指定位置不存在时要返回的默认值。

例如，假设有一个 Series 对象 data，要获取索引为 2 的值，如果该位置不存在则返回默认值 –1，可以使用以下代码：

```
import pandas as pd

data = pd.Series([1, 2, 3, 4, 5])
value = data.get(2, -1)
print(value)
value = data.get(6, -1)
print(value)
输出：
3
-1
```

可以看到，索引为 2 的位置的值为 3，而索引为 6 的位置的值不存在，因此返回了默认值 –1。

Pandas.Series.get 和 [] 都可以用来获取 Series 对象中的数据，但它们之间有以下区别：

（1）[] 可以同时获取多个位置的值，而 get 只能获取单个位置的值；

（2）[] 操作符支持切片等高级索引方式，而 get 方法不支持这些功能；

（3）[] 操作符可以直接对指定位置的值进行修改，而 get 不能直接修改数据，需要用其他方法实现。

知识微课堂

Pandas 核心数据结构——DataFrame

## 3.2.3　DataFrame 对象创建

DataFrame 对象的结构如图 3-4 所示。

columns

index

| | name | age | gender | score |
|---|---|---|---|---|
| 0 | 张三 | 18 | 男 | 91 |
| 1 | 李四 | 19 | 女 | 93 |
| 2 | 王五 | 20 | 男 | 67 |
| 3 | 赵六 | 18 | 女 | 82 |

图 3-4　DataFrame 对象的结构

DataFrame 对象与 Series 对象一样，主要属性有：

（1）ndim：基础数据的维数，返回一个表示轴（axes）或数组维数的整数。Series 对象的 ndim 返回 1，而 DataFrame 对象的 ndim 返回 2。

（2）shape：返回表示 DataFrame 维度的元组。

（3）dtype：返回 DataFrame 中每列的数据类型（dtype）。

（4）size：返回一个整数，表示该对象中元素的数量。对于 DataFrame 对象，返回行数与列数的乘积。

（5）T：返回 Date Frame 对象的转置。

（6）index：返回 DataFrame 对象的行索引（行标签）。

（7）values：返回 DataFrame 的 NumPy 表示，即 numpy.ndarray。

（8）columns：返回 DataFrame 对象的列索引（列标签）。

创建 pandas.DataFrame 对象的方法有多种，常见的有以下几种。

### 1. 从字典中创建 DataFrame

可以使用字典来创建 DataFrame，其中字典的键将成为 DataFrame 的列名，而字典的值将成为 DataFrame 相应列的数据。

```
import pandas as pd
data={'name': ['张三', '李四', '王五', '赵六'], 'age': [18, 19, 20,18],
      'gender': ['男', '女', '男', '女'],'score':[91,93,67,82]}
df = pd.DataFrame(data,index=['A','B','C','D'])
print(df)
```

```
输出:
    name   age    gender score
A   张三    18     男      91
B   李四    19     女      93
C   王五    20     男      67
D   赵六    18     女      82
```

### 2. 从列表中创建 DataFrame

可以使用列表来创建 DataFrame，其中列表的每个元素表示一行数据。

```
import pandas as pd
col=['name', 'age', 'gender','score']
data=[['张三', 18, '男', 91], ['李四', 19, '女',93],
      ['王五', 20, '男', 67], ['赵六', 18, '女',82]]
df = pd.DataFrame(data,columns=col)
print(df)
```

```
   name   age    gender  score
0  张三   18     男      91
1  李四   19     女      93
2  王五   20     男      67
3  赵六   18     女      82
```

### 3. 从 CSV、Excel 文件中创建 DataFrame

CSV 文件是一种常用的文本文件格式，它以逗号分隔各个字段。Pandas 提供了 read_csv() 函数来读取 CSV 文件，并将其转换为 DataFrame。

```
import pandas as pd

# 读取CSV文件
file_path = 'example.csv'  # CSV文件路径
df_csv = pd.read_csv(file_path)

# 显示读取的数据
print(df_csv.head())  # 打印DataFrame的前几行数据
```

Excel 文件是另一种常见的数据存储格式，Pandas 通过 read_excel() 函数支持直接从 Excel 文件中读取数据。

```
import pandas as pd

# 读取Excel文件
file_path = 'example.xlsx'  # Excel文件路径
df_excel = pd.read_excel(file_path, sheet_name='Sheet1')  # 指定读取的工
作表名称

# 显示读取的数据
print(df_excel.head())  # 打印DataFrame的前几行数据
```

### 4. 从 SQL 数据库、JSON 文件中读取数据创建 DataFrame

Pandas 提供 read_sql() 函数与 SQL 数据库交互，从数据库中查询数据并将其转换为 DataFrame。这需要使用 SQLAlchemy 库或其他数据库连接库。

```
import pandas as pd
from sqlalchemy import create_engine
```

```
# 创建数据库连接
engine = create_engine('sqlite:///example.db')  # 示例使用SQLite数据库

# SQL查询
sql_query = 'SELECT * FROM table_name'  # SQL查询语句

# 读取数据
df_sql = pd.read_sql(sql_query, engine)

# 显示读取的数据
print(df_sql.head())  # 打印DataFrame的前几行数据
```

JSON（JavaScript Object Notation）是一种轻量级的数据交换格式。Pandas 提供了 read_json() 函数来读取 JSON 格式的字符串或文件，并将其转换为 DataFrame。

```
import pandas as pd

# 读取JSON文件
file_path = 'example.json'  # JSON文件路径
df_json = pd.read_json(file_path)

# 显示读取的数据
print(df_json.head())  # 打印DataFrame的前几行数据
```

### 3.2.4 DataFrame 对象访问

#### 1. DataFrame 对象的索引形式访问

DataFrame 对象的索引和切片与 Python 的序列（list、tuple、str、range 等）、NumPy 的 ndarray、Series 的索引和切片一致。

Pandas DataFrame 对象提供了三种方式来访问数据，分别是 iloc、loc 和 []。下面分别介绍它们的用法：

（1）iloc。

iloc 是通过行号和列号来访问 DataFrame 中的数据的。其语法为 df.iloc[row_index, col_index]，其中 df 为 DataFrame 对象（以下类同），row_index 和 col_index 分别表示行号和列号。行号和列号均从 0 开始计数。

例如，要获取 DataFrame 中第一行、第一列的数据，可以使用 iloc[0, 0]。

（2）loc。

loc 是通过行标签和列标签来访问 DataFrame 中的数据。其语法为 df.loc[row_label,

col_label]，其中 row_label 和 col_label 分别表示行标签和列标签。

例如，要获取 DataFrame 中行标签为“A”、列标签为“B”的数据，可以使用 loc['A', 'B']。

（3）[]。

[] 是通过列名访问 DataFrame 中的数据。其语法为 df[col_name]，其中 col_name 表示列名。

例如，要获取 DataFrame 中列名为“A”的数据，可以使用 df['A']。

需要注意的是，[] 只能用来访问列数据，不能用来访问行数据。如果要同时访问行数据和列数据，需要使用 iloc 或 loc。

```
import pandas as pd
col=['name', 'age', 'gender','score']
data=[['张三',18,'男',91],['李四',19, '女',93],
      ['王五',20,'男',67],['赵六',18, '女',82]]
df = pd.DataFrame(data,columns=col)

print('{0}{1}{0}'.format('='*20,'单列选择[]'))
print(df['name'])
print('{0}{1}{0}'.format('='*20,'单列选择loc'))
print(df.loc[:,'name'])
print('{0}{1}{0}'.format('='*20,'单列选择iloc'))
print(df.iloc[:,0])

print('{0}{1}{0}'.format('='*20,'单元素选择[]'))
print(df['name'][0])
print('{0}{1}{0}'.format('='*20,'单元素选择loc'))
print(df.loc[0,'name'])
print('{0}{1}{0}'.format('='*20,'单元素选择iloc'))
print(df.iloc[0,0])

print('{0}{1}{0}'.format('='*20,'切片[]'))
print(df[['name','age']][0:2])
print('{0}{1}{0}'.format('='*20,'切片loc'))
print(df.loc[0:1,'name':'age'])
print('{0}{1}{0}'.format('='*20,'切片iloc'))
print(df.iloc[0:2,0:2])
```

```
输出：
====================单列选择[]====================
0    张三
1    李四
2    王五
3    赵六
Name: name, dtype: object
====================单列选择loc====================
0    张三
1    李四
2    王五
3    赵六
Name: name, dtype: object
====================单列选择iloc====================
0    张三
1    李四
2    王五
3    赵六
Name: name, dtype: object
====================单元素选择[]====================
张三
====================单元素选择loc====================
张三
====================单元素选择iloc====================
张三
====================切片[]====================
   name  age
0  张三   18
1  李四   19
====================切片loc====================
   name  age
0  张三   18
1  李四   19
====================切片iloc====================
   name  age
0  张三   18
1  李四   19
```

总结：Pandas DataFrame 对象可以使用 iloc、loc 和 [] 三种方法来访问数据。

（1）iloc 是基于整数位置进行访问，可以通过行号和列号来访问数据。例如，df.iloc[0, 1] 表示访问第一行、第二列的数据。

（2）loc 是基于标签进行访问，可以通过行标签和列标签来访问数据。例如，df.loc['A', 'B'] 表示访问行标签为“A”、列标签为“B”的数据。

（3）[] 是一种混合方法，既可以使用整数位置，也可以使用标签进行访问。例如，df['A'][0] 表示访问“A”列中的第一行数据。

## 2. DataFrame 对象的条件索引形式访问

Pandas DataFrame 对象支持布尔索引来访问和筛选数据。布尔索引是通过一个布尔条件（如 True 或 False）来筛选 DataFrame 中的数据的。以下是 iloc、loc 和 [] 的布尔索引用法。

（1）iloc。

iloc 可以使用布尔数组来筛选数据。它的语法为 df.iloc[bool_array]，其中 bool_array 是一个布尔数组，它的长度必须与 DataFrame 的行数相同。

例如，要筛选 DataFrame 中“A”列所有值大于 0 的行，可以使用 df.iloc[df['A'] > 0]。

（2）loc。

loc 同样可以使用布尔数组来筛选数据。它的语法为 df.loc[bool_array]，其中 bool_array 是一个布尔数组，它的长度必须与 DataFrame 的行数相同。

例如，要筛选 DataFrame 中“A”列所有值大于 0 的行，可以使用 df.loc[df['A'] > 0]。

（3）[]。

[] 可以使用布尔数组来筛选数据。它的语法为 df[bool_array]，其中 bool_array 是一个布尔数组，它的长度必须与 DataFrame 的行数相同。

例如，要筛选 DataFrame 中“A”列所有值大于 0 的行，可以使用 df[df['A'] > 0]。

需要注意的是，布尔索引只能用于筛选行数据，无法用于筛选列数据。如果要筛选列数据，需要使用 iloc 或 loc 方法。

```
import pandas as pd

col = ['name', 'age', 'gender', 'score']
data = [['张三', 18, '男', 91], ['李四', 19, '女', 93],
        ['王五', 20, '男', 67], ['赵六', 18, '女', 82]]
df = pd.DataFrame(data, columns=col)

print('{0}{1}{0}'.format('=' * 20, '选择女生'))
print(df[df['gender'] == '女'])

print('{0}{1}{0}'.format('=' * 20, '选择年龄>18'))
print(df.loc[df['age'] > 18, :])

print('{0}{1}{0}'.format('=' * 20, '选择分数>80'))
print(df.iloc[list(df['score'] > 80), :])
print(df.iloc[(df['score'] > 80).values])
```

```
输出：
====================选择女生====================
   name  age   gender  score
1   李四   19     女      93
3   赵六   18     女      82
====================选择年龄>18====================
   name  age   gender  score
1   李四   19     女      93
2   王五   20     男      67
====================选择分数>80====================
   name  age   gender  score
0   张三   18     男      91
1   李四   19     女      93
3   赵六   18     女      82
```

## 3.3 Pandas 数据导入和导出

知识微课堂

数据读写与数据访问

Pandas 数据导入和导出如图 3-5 所示。

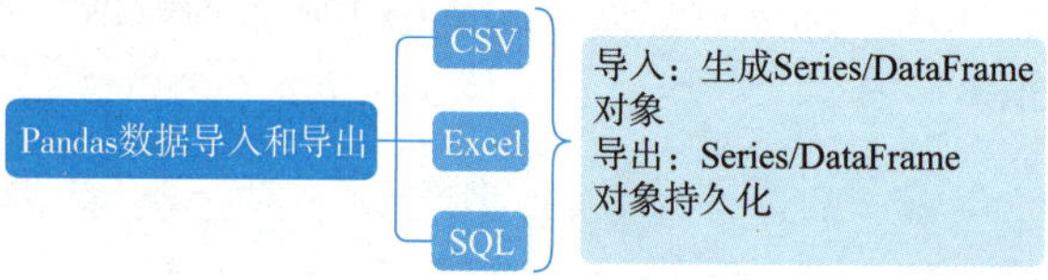


图 3-5　Pandas 数据导入和导出

在 Pandas 中，可以使用 read_csv() 函数读取 CSV 文件、read_excel() 函数读取 Excel 文件、read_sql() 函数读取 SQL 数据。同时，也可以通过 to_csv() 函数将 DataFrame 对象写入 CSV 文件、to_excel() 函数将 DataFrame 对象写入 Excel 文件，以及 to_sql() 函数将 DataFrame 对象写入 SQL 数据库。

### 3.3.1　读取 CSV 文件

使用 read_csv() 函数读取 CSV 文件，该函数可以指定文件路径、文件分隔符等参数。

```
import pandas as pd
# 读取CSV文件
df = pd.read_csv('file.csv', sep=',')
```

### 3.3.2 读取 Excel 文件

使用 read_excel() 函数读取 Excel 文件，可以指定文件路径和工作表名称等参数。

```
import pandas as pd
# 读取Excel文件
df = pd.read_excel('file.xlsx', sheet_name='Sheet1')
```

### 3.3.3 读取 SQL 数据

使用 read_sql() 函数读取 SQL 数据，需要提供连接数据库的相关参数。

```
import pandas as pd
import sqlite3
# 连接数据库
conn = sqlite3.connect('test.db')
# 读取SQL数据
df = pd.read_sql('SELECT * FROM table', conn)
```

### 3.3.4 写入 CSV 文件

使用 to_csv() 函数将 DataFrame 对象写入 CSV 文件，并指定文件路径、文件分隔符等参数。

```
import pandas as pd
# 写入CSV文件
df.to_csv('file.csv', sep=',', index=False)
```

### 3.3.5 写入 Excel 文件

使用 to_excel() 函数将 DataFrame 对象写入 Excel 文件，并指定文件路径和工作表名称等参数。

```
import pandas as pd
# 写入Excel文件
df.to_excel('file.xlsx', sheet_name='Sheet1', index=False)
```

### 3.3.6 写入 SQL 数据库

使用 to_sql() 函数将 DataFrame 对象写入 SQL 数据库，需要提供连接数据库的相关参数。

```
import pandas as pd
import sqlite3
# 连接数据库
conn = sqlite3.connect('test.db')
# 写入SQL数据库
df.to_sql('table', conn, if_exists='replace', index=False)
```

## 3.4 数据处理

知识微课堂

数据处理与分析、数据可视化

本节将进一步深入探讨 Pandas 在数据处理方面的能力，并提供一些具体的示例来阐述这些知识点。

### 3.4.1 缺失数据

#### 1. 检测缺失数据

使用 isnull() 或 notnull() 方法检测数据中的缺失值。

```
import numpy as np
import pandas as pd
df = pd.DataFrame({'A': [1, 2, np.nan], 'B': [4, np.nan, 6]})
print(df.isnull())
输出：
       A      B
0  False  False
1  False   True
2   True  False
```

#### 2. 填充缺失数据

使用 fillna() 方法填充缺失值。

```
import numpy as np
import pandas as pd
df = pd.DataFrame({'A': [1, 2, np.nan], 'B': [4, np.nan, 6]})
```

```
print(df.dropna())          # 删除有 NaN 的行
print(df.dropna(axis=1))  # 删除有 NaN 的列
print(df.fillna(value=0))         # 用 0 填充
print(df['A'].fillna(value=df['A'].mean()))  # 使用列的均值填充
输出：
     A    B
0  1.0  4.0
Empty DataFrame
Columns: []
Index: [0, 1, 2]
     A    B
0  1.0  4.0
1  2.0  0.0
2  0.0  6.0
0    1.0
1    2.0
2    1.5
Name: A, dtype: float64
```

### 3. 删除缺失数据

使用 dropna() 方法删除包含缺失值的行或列。

## 3.4.2 数据清洗

### 1. 数据转换

例如，将字符串转为小写：

```
df = pd.DataFrame({'name': ['ALICE', 'bOB', 'Charlie']})
df['name'] = df['name'].str.lower()
print(df)
输出：
      name
0    alice
1      bob
2  charlie
```

### 2. 处理重复数据

使用 duplicated() 和 drop_duplicates() 方法来处理重复数据。

```
df = pd.DataFrame({'A': [1, 2, 2, 3, 3, 3], 'B': [1, 1, 2, 2, 3, 3]})
print(df.drop_duplicates())  # 删除重复的行
输出:
   A  B
0  1  1
1  2  1
2  2  2
3  3  2
4  3  3
```

### 3. 异常值处理

例如，移除超出范围的数据值:

```
df = pd.DataFrame({'score': [85, 90, 120, 105, 95]})
df = df[df['score'] <= 100]
print(df)
输出:
   score
0     85
1     90
4     95
```

## 3.4.3 数据转换

### 1. 转换数据类型

使用 astype() 方法转换列的数据类型。

```
df = pd.DataFrame({'age': ['25', '30', '35']})
df['age'] = df['age'].astype(int)
print(df)
输出: 注意输出的age是int类型，如25而不是'25'
   age
0   25
1   30
2   35
```

### 2. 数据编码和解码

例如，将分类变量转为用数字表示:

```
df = pd.DataFrame({'color': ['red', 'green', 'blue', 'red']})
color_mapping = {'red': 0, 'green': 1, 'blue': 2}
df['color_code'] = df['color'].map(color_mapping)
print(df)
输出：
   color  color_code
0    red           0
1  green           1
2   blue           2
3    red           0
```

### 3. apply 函数

apply 函数在 Pandas 中非常灵活，可以应用于 Series 或 DataFrame 的行或列，并接受一个函数作为参数。该函数会逐元素地应用于 Series 或按行 / 列应用于 DataFrame。以下是一些 apply 函数的示例用法：

例如，应用于 Series：

```
import pandas as pd

# 创建一个包含整数的 Series
s = pd.Series([1, 2, 3, 4, 5])

# 定义一个函数，计算平方
def square(x):
    return x ** 2

# 使用 apply 函数应用 square 函数到 Series 的每个元素
squared_s = s.apply(square)

print(squared_s)
输出：
0     1
1     4
2     9
3    16
4    25
dtype: int64
```

例如，应用于 DataFrame 的列。

如果有一个 DataFrame，想要对某一列应用函数处理。例如，将字符串列中的每个元素转换为大写，可以使用以下方法：

```
import pandas as pd

# 创建一个包含字符串的 DataFrame
df = pd.DataFrame({
    'name': ['alice', 'bob', 'charlie', 'dave']
})

# 定义一个函数，将字符串转换为大写
def to_uppercase(s):
    return s.upper()

# 使用 apply 函数应用 to_uppercase 函数到 'name' 列的每个元素
df['name_uppercase'] = df['name'].apply(to_uppercase)

print(df)
输出：
          name   name_uppercase
0        alice      ALICE
1          bob        BOB
2      charlie    CHARLIE
3         dave       DAVE
```

例如，应用于 DataFrame 的行（使用 axis 参数）。

如果想要对 DataFrame 的每一行应用函数（如计算每行的和），可以使用（apply 函数并设置）axis=1 参数。

```
import pandas as pd

# 创建一个包含数字的 DataFrame
df = pd.DataFrame({
    'A': [1, 2, 3],
    'B': [4, 5, 6],
    'C': [7, 8, 9]
})

# 定义一个函数，计算一行中所有元素的和
```

```
def row_sum(row):
    return row.sum()

# 使用 apply 函数将 row_sum 函数应用到 DataFrame 的每一行
df['row_sum'] = df.apply(row_sum, axis=1)

print(df)
输出：
   A  B  C  row_sum
0  1  4  7  12
1  2  5  8  15
2  3  6  9  18
```

## 3.4.4 数据连接与合并

### 1. 使用 merge 进行数据合并

假设有两个 DataFrame，即 df1 和 df2，它们都有一个共同的列“key”，可以使用 merge() 函数来根据这一列合并它们。

```
# 创建两个示例 DataFrame
df1 = pd.DataFrame({
    'key': ['A', 'B', 'C', 'D'],
    'value1': [1, 2, 3, 4]
})

df2 = pd.DataFrame({
    'key': ['B', 'C', 'D', 'E'],
    'value2': [5, 6, 7, 8]
})

# 使用 merge() 函数合并两个 DataFrame
merged_df = pd.merge(df1, df2, on='key')

print(merged_df)
输出：
  key  value1  value2
0  B       2       5
1  C       3       6
2  D       4       7
```

在这个例子中，merged_df 将包含两个 DataFrame 中都存在的所有“key”值的行。

### 2. 使用 concat 进行数据连接

如果想要沿着一个特定轴（行或列）连接两个 DataFrame，则可以使用 concat() 函数来实现。

```
# 创建两个示例 DataFrame
df1 = pd.DataFrame({
    'key': ['A', 'B', 'C', 'D'],
    'value1': [1, 2, 3, 4]
})

df2 = pd.DataFrame({
    'key': ['B', 'C', 'D', 'E'],
    'value2': [5, 6, 7, 8]
})
# 使用 concat() 函数连接两个 DataFrame
concatenated_df = pd.concat([df1, df2], ignore_index=True)

print(concatenated_df)
输出:
  key  value1  value2
0   A     1.0     NaN
1   B     2.0     NaN
2   C     3.0     NaN
3   D     4.0     NaN
4   B     NaN     5.0
5   C     NaN     6.0
6   D     NaN     7.0
7   E     NaN     8.0
```

在这个例子中，concatenated_df 将包含 df1 和 df2 中的所有行。但需要注意的是，如果两个 DataFrame 有相同的列名，那么这些列将被简单地堆叠在一起，而不会进行任何形式的合并或对齐。ignore_index=True 参数用于重置索引，因为连接后的 DataFrame 将具有连续的索引。

### 3. 使用 join 进行数据连接

假设有两个具有相同索引的 DataFrame，可以使用 join() 函数将它们通过索引连接起来。

```
# 创建一个带有相同索引的示例 DataFrame
index = pd.Index(['A', 'B', 'C', 'D'], name='key')
df3 = pd.DataFrame({'value3': [9, 10, 11, 12]}, index=index)
df4 = pd.DataFrame({'value4': [13, 14, 15, 16]}, index=index)

# 使用 join() 函数根据索引连接两个 DataFrame
joined_df = df3.join(df4)

print(joined_df)
输出：
     value3  value4
key
A         9      13
B        10      14
C        11      15
D        12      16
```

在这个例子中，joined_df 将包含 df3 和 df4 的所有列，并且它们的行通过索引对齐。如果某些索引在其中一个 DataFrame 中不存在，那么结果中将包含 NaN 值。

注意：join() 函数默认执行左连接（left join），即保留调用 join() 方法的 DataFrame 的所有行。如果需要执行其他类型的连接（如内连接或右连接），则可以使用 merge() 函数，因为 join() 函数主要用于通过索引合并数据。

这些只是 Pandas 在数据处理方面的一些功能。实际上，Pandas 提供了大量工具和方法来处理各种各样的数据问题。希望上述案例能够帮助你更好地理解和应用 Pandas 的数据处理功能。

## 3.5 数据分析

知识微课堂

Pandas 数据分析

Pandas 是数据分析中的一个强大工具，提供了多种方法和功能来深入分析数据。以下将通过具体的案例来阐述数据分析的相关知识点。

### 3.5.1 描述性统计分析

Pandas 提供了多种方法来获取数据的描述性统计，如平均值、中位数和标准差等。

示例：假设计算一份学生成绩数据的平均值。

```
import pandas as pd
data = {'Name': ['Alice', 'Bob', 'Charlie', 'David'],'Math': [85, 90,
78, 92],'Physics': [88, 89, 92, 71]}
df = pd.DataFrame(data)
#计算每门科目的平均分:
print(df[['Math', 'Physics']].mean())
输出:
Math       86.25
Physics    85.00
dtype: float64
```

### 3.5.2 数据分组和聚合

使用 groupby() 方法可以按某些列的值将数据分组，并使用聚合函数对每组数据进行操作。

示例：假设有一份销售数据，按产品类别对数据进行分组，并计算每组的总销售额。

```
import pandas as pd
data = {'Product': ['A', 'B', 'A', 'C', 'B', 'C', 'A'],'Sales': [100,
150, 200, 50, 300, 75, 130]}
df = pd.DataFrame(data)
grouped = df.groupby('Product')
print(grouped['Sales'].sum())
输出:
Product
A    430
B    450
C    125
Name: Sales, dtype: int64
```

### 3.5.3　透视表和交叉表

#### 1. 透视表

透视表是数据分析中常用的一种数据汇总工具。pivot_table() 方法可以帮助创建透视表。

示例：继续使用上面的销售数据，创建一个透视表，显示每种产品类别的总销售额。

```
import pandas as pd
data = {'Product': ['A', 'B', 'A', 'C', 'B', 'C', 'A'],'Sales': [100,
150, 200, 50, 300, 75, 130]}
df = pd.DataFrame(data)
pivot = df.pivot_table(index='Product', values='Sales', aggfunc='sum')
print(pivot)
输出：
          Sales
Product
A           430
B           450
C           125
```

#### 2. 交叉表

交叉表是用来计算分组频率的特殊透视表。使用 crosstab() 方法可以创建交叉表。

示例：查看学生的成绩分布情况。

```
import pandas as pd
grades = ['A', 'B', 'A', 'C', 'B', 'C', 'A']
data = {'Name': ['Alice', 'Bob', 'Charlie', 'David', 'Eva', 'Frank',
'Grace'],'Grade': grades}
df = pd.DataFrame(data)
cross_tab = pd.crosstab(index=df['Grade'], columns='count')
print(cross_tab)
输出：
col_0   count
Grade
A           3
B           2
C           2
```

上述案例仅涉及 Pandas 在数据分析方面的部分功能。实际上，Pandas 提供了丰富的方法和工具，使数据分析变得更加容易和高效。希望这些案例可以帮助读者更好地理解和使用 Pandas 进行数据分析。

## 3.6 数据可视化

数据可视化在数据分析中占据重要地位，它能够帮助读者更直观地理解数据的分布、关系和趋势。Pandas 提供了与 Matplotlib 集成的内置绘图工具，使得数据可视化变得简单而直接。

Pandas 的绘图功能旨在为用户提供一个快速、便捷的可视化解决方案。它允许用户直接对 DataFrame 和 Series 对象调用绘图函数，生成各种类型的图表，如柱状图、线图和散点图等。这些函数通常包含丰富的参数设置，使用户能够轻松定制图表的外观和风格，以满足不同的可视化需求。

在本章中，虽然主要内容围绕 Pandas 的数据处理和分析功能，但为了保证读者对 Pandas 有一个全面的了解，作者对其数据可视化功能进行了简要介绍。然而，由于篇幅所限，详细的数据可视化内容将在第 4 章“Matplotlib 与数据可视化”中详细介绍。在那里，作者将深入探讨如何利用 Matplotlib 以及 Pandas 的绘图功能，实现各种复杂的数据可视化任务。

总之，Pandas 的数据可视化功能为数据分析师提供了一个强大的工具，使数据可视化变得更加简单、高效。通过结合 Pandas 的数据处理能力和 Matplotlib 的可视化能力，用户可以轻松创建具有吸引力的图表，从而更好地理解和分析数据。

下面列出了一些具体案例，以展示如何使用 Pandas 进行数据可视化。

### 3.6.1 基本图形绘制

#### 1. 线图

默认情况下，用 DataFrame 和 Series 的 plot() 方法生成线图。

示例：绘制时间序列数据。

```
import pandas as pd
import numpy as np
import matplotlib.pyplot as plt
dates = pd.date_range('20230101', periods=10)
ts = pd.Series(np.random.randn(10), index=dates)
ts.plot()
plt.show()
```

输出，如图3-6所示：

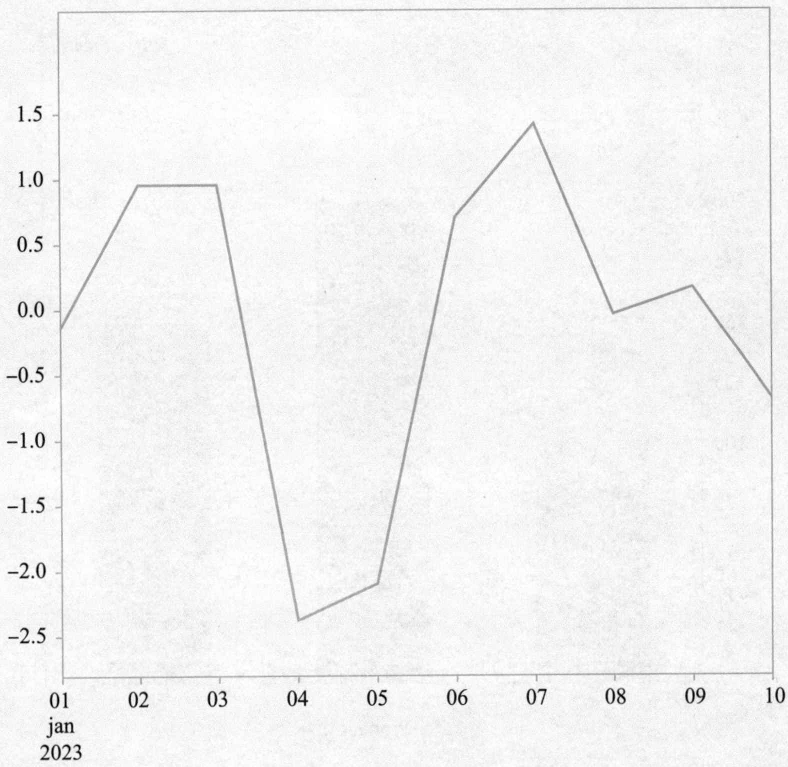


图 3-6　时间序列图

## 2. 柱状图

使用 `kind='bar'` 或 `kind='barh'` 来绘制垂直和水平的柱状图。

示例：展示各个产品的销售量。

```
import pandas as pd
import numpy as np
import matplotlib.pyplot as plt
data = {'Product': ['A', 'B', 'C'],'Sales': [100, 200, 150]}
df = pd.DataFrame(data)
df.set_index('Product').plot(kind='bar')
plt.show()
```

输出，如图3-7所示：

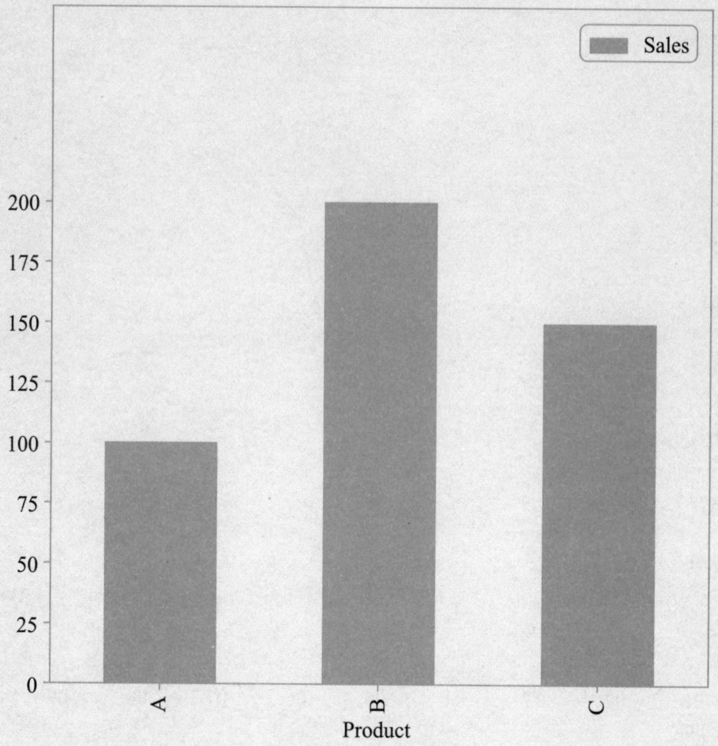


图 3-7　产品的销售量图

## 3.6.2　散点图

当想要查看两个连续变量之间的关系时，散点图是很有用的工具。

示例：展示两门课程的成绩分布。

```
import pandas as pd
import numpy as np
import matplotlib.pyplot as plt
data = {'Math': [85, 90, 78, 92, 88, 75, 95],'Physics': [88, 89, 92, 71,
85, 78, 90]}
df = pd.DataFrame(data)
df.plot(kind='scatter', x='Math', y='Physics')
plt.show()
```

输出，如图3-8所示：

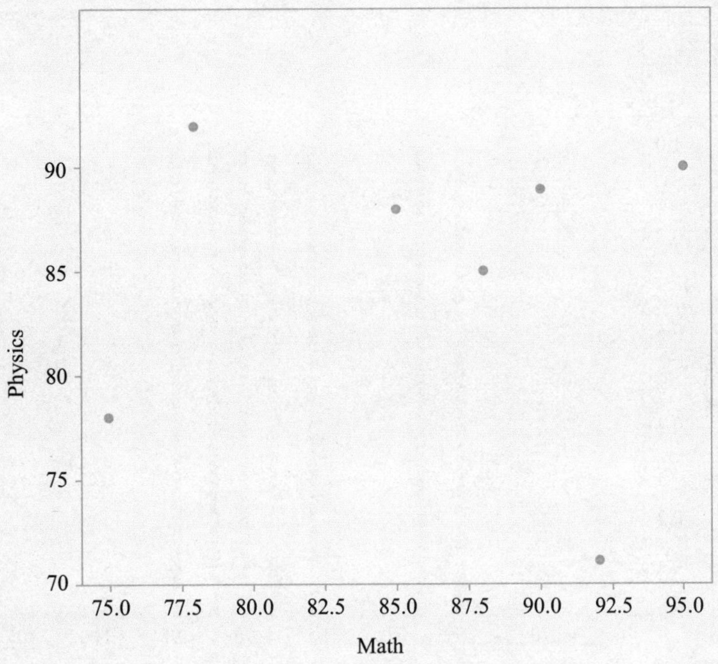


图 3-8　两门课程的成绩分布图

### 3.6.3　直方图和密度图

这两种图形用于显示单变量的分布。

示例：展示一门课程的成绩分布。

```
import pandas as pd
import numpy as np
import matplotlib.pyplot as plt
grades = [85, 90, 78, 92, 88, 75, 95]
df = pd.Series(grades)
df.plot(kind='hist', bins=30, alpha=0.7)
df.plot(kind='kde')  # 密度图
plt.show()
```

输出，如图3-9所示：

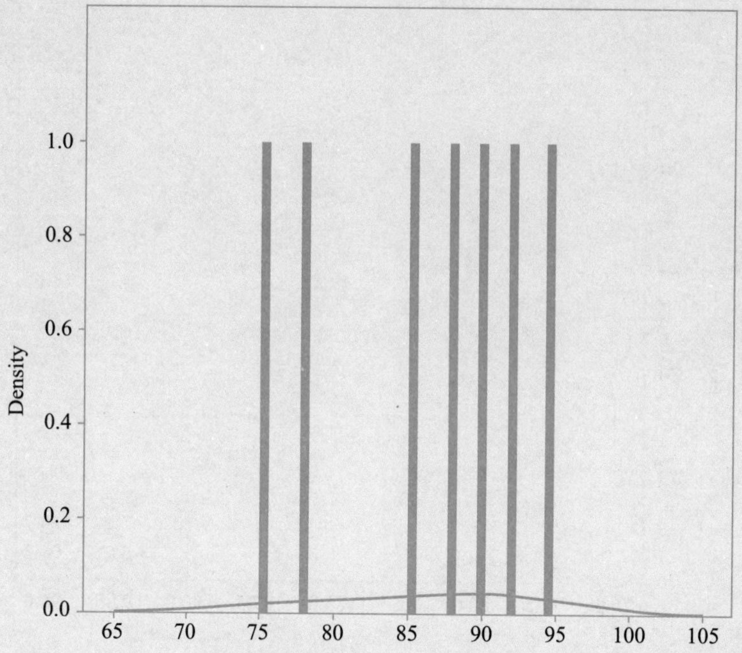


图 3-9　一门课程的成绩分布图

## 3.6.4　箱线图

箱线图（或箱形图）展示了数据的分位数，并可以用于识别异常值。

示例：比较多门课程的成绩分布。

```
import pandas as pd
import numpy as np
import matplotlib.pyplot as plt
data = {'Math': [85, 90, 78, 92, 88, 75, 95],'Physics': [88, 89, 92, 71,
85, 78, 90], 'Chemistry': [84, 85, 76, 85, 88, 74, 95]}
df = pd.DataFrame(data)
df.plot(kind='box')
plt.show()
```

输出，如图3-10所示：

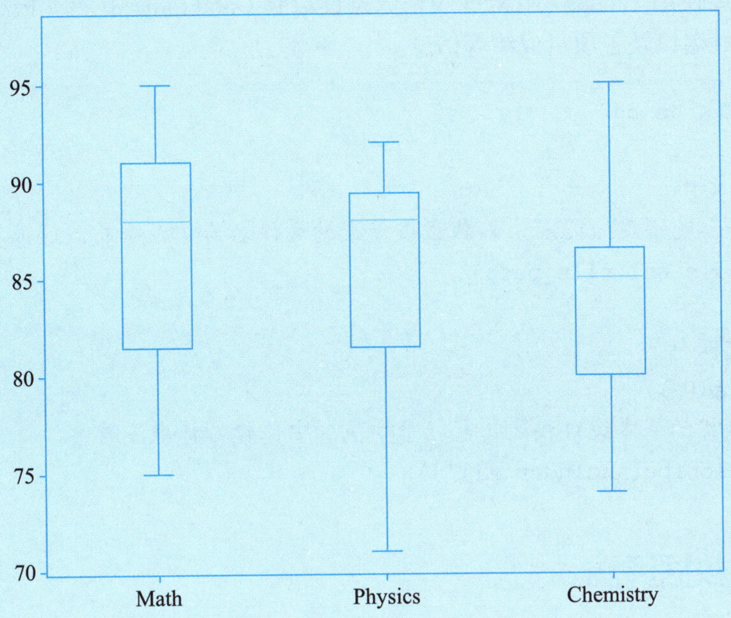


图 3-10 多门课程的成绩分布图

这些案例仅展示了 Pandas 在数据可视化方面的一部分功能。实际上，通过结合 Matplotlib 和 Seaborn 等其他绘图库，读者可以创建更加复杂和丰富的数据可视化图形。希望这些案例可以帮助读者更好地理解如何使用 Pandas 进行数据可视化。

## 3.7 期末成绩处理

技能微课堂

期末成绩数据分析和处理

24 点游戏和 KNN 识别手写数字这两个项目是按照软件开发的常规步骤进行的，展示了软件开发的标准步骤，但数据分析的重点不在于软件开发的标准流程，而是在数据分析上。下面将通过几个关键的数据分析步骤来完成期末成绩处理分析项目。

### 3.7.1 任务描述

期末，教师已经将学生平时成绩、项目成绩和考核成绩等数据记录到文件中，为后续数据分析和处理提供原始数据支持。

本项目通过 Pandas 库对期末成绩进行处理与分析，包括数据清洗、加权计算总分以及可视化分析等步骤。

### 3.7.2 读取数据、数据预览和基本统计信息

首先，需要使用 Pandas 将 Excel 表格数据读取到 DataFrame 中。该 Excel 表格包含了学生的学号、姓名以及各项目成绩等信息。

```
import pandas as pd

# 读取Excel文件
file_path = '成绩表.xlsx'  # 假设成绩表的文件名为“成绩表.xlsx”
df = pd.read_excel(file_path)

# 查看数据前两行
print(df.head(2))
# 获取每列数据的基本统计描述（包括平均值、中位数、标准差等）
print(df.describe(include='all'))
```

### 3.7.3 数据清洗

对数据进行缺失值检查。

```
# 检查缺失值
missing_data = df.isnull().sum()
print(missing_data)
输出：
Unnamed: 0    0
序号           0
学号           0
姓名           0
班级           0
NumPy考核成绩     0
Pandas考核成绩    1
大作业考核成绩       1
实践考试         1
平时           1
末试           1
总分           0
备注          46
分数等级         47
dtype: int64
```

这段代码表明 Pandas 考核成绩、大作业考核成绩、实践考试、平时、末试等列各有

一个缺失值，备注列有 46 个缺失值，分数等级列有 47 个缺失值，即全为空。

填充缺失值（例如，对于 Pandas 考核成绩和大作业考核成绩，可以填充为班级平均分或固定值等。

```
# 填充缺失值（例如，对于Pandas考核成绩，可以填充为班级平均分，此处填充为固定值89）
# df['NumPy考核成绩'].fillna(df['NumPy考核成绩'].mean(), inplace=True)
df['Pandas考核成绩'].fillna(89, inplace=True)
df['大作业考核成绩'].fillna(89, inplace=True)
df['实践考试'].fillna(89, inplace=True)
df['平时'].fillna(89, inplace=True)
df['末试'].fillna(89, inplace=True)
```

其中，inplace 参数表示是否进行本地操作，inplace=True 表示直接修改 DataFrame 对象本身而不是修改副本，即进行本地操作。

### 3.7.4 数据分析

按照总分排序。

```
df_sorted = df.sort_values(by='总分', ascending=False)
print(df_sorted[['姓名', '总分']])
输出:
     姓名   总分
38  姚*昊   90
26  郜*元   89
45  周*清   88
43   汤*   88
42  赵*扬   88
```

统计分数等级分布。

```
def grade_distribution(score):
    if score >= 85:
        return '优秀'
    elif score >= 70:
        return '良好'
    elif score >= 60:
        return '及格'
    else:
        return '不及格'

df['分数等级'] = df['总分'].apply(grade_distribution)
```

### 3.7.5 数据可视化

利用 Matplotlib 进行成绩分布的可视化展示。

```
import matplotlib.pyplot as plt

# 设置matplotlib支持中文字体
import matplotlib as mpl
mpl.rcParams['font.sans-serif'] = ['SimHei']  # 无衬线黑体
# 解决保存图像是负号“-”时显示为方块的问题
mpl.rcParams['axes.unicode_minus'] = False
df['总分'].hist(bins=10)
plt.title('期末成绩分布')
plt.xlabel('总分')
plt.ylabel('人数')
plt.show()
输出，如图3-11所示：
```

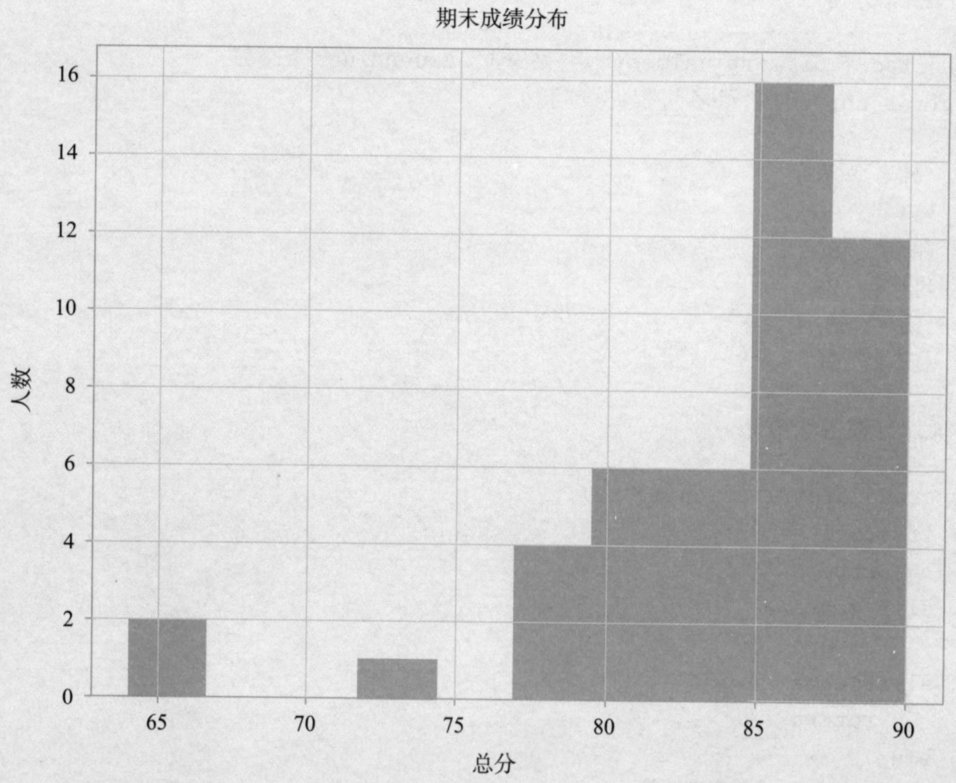


图 3-11　期末成绩分布图

### 3.7.6　数据筛选与分组

筛选出总分超过 90 分的学生。

```
high_scores = df[df['总分'] >= 90]
print(high_scores)
输出：
    Unnamed: 0  序号           学号   姓名      班级  NumPy考核成绩
Pandas考核成绩  大作业考核成绩  \
38          38  40  2050302144  姚*昊  20大数据一            90
90.0      90.0

   实践考试    平时    末试  总分   备注  分数等级
38  95.0  95.0  85.0  90  NaN   优秀
```

按照班级统计各考核项的平均成绩。

```
# 确保选择的列除“班级”外都是数值类型
numeric_columns = ['班级','NumPy考核成绩', 'Pandas考核成绩', '大作业考核成绩', '实践考试', '平时', '末试']
df_numeric = df[numeric_columns]

# 然后按班级分组计算平均成绩
avg_scores = df_numeric.groupby('班级').mean()

# 输出结果
print(avg_scores[['NumPy考核成绩', 'Pandas考核成绩', '大作业考核成绩', '实践考试', '平时', '末试']])
输出：
        NumPy考核成绩        Pandas考核成绩        大作业考核成绩
实践考试      平时     末试
班级
20大数据一    84.893617     86.148936     82.531915     93.276596
90.829787    76.0
```

通过以上步骤，我们完成了期末成绩数据的处理、分析和可视化展示。这可以帮助教师和学生从多个角度了解成绩分布情况，从而制订相应的教学或学习计划。

## 本章小结

Pandas 的本质是：Pandas 以 DataFrame 和 Series 为核心数据结构，通过内置的函数和方法，结合灵活的数据操作与分析能力，实现高效的数据处理和分析。

### 1. 核心数据结构

（1）DataFrame：二维的、大小可变的、可以存储多种类型数据的表格型数据结构。它既有行索引也有列索引，可以看作是 Excel 表格、SQL 表或类似数据结构的抽象实现。

（2）Series：一维的、大小可变的、可以存储同类型数据的数组。每个 Series 都有一个与之关联的标签，可以看作是 DataFrame 中某一列或行的简化表示。

### 2. 数据操作与分析能力

（1）数据清洗：Pandas 提供了丰富的函数和方法，用于处理缺失值、异常值和重复值等数据清洗任务。

（2）数据转换：通过 apply、map 等函数，可以轻松地对数据进行转换和映射操作，实现数据的格式化、标准化等。

（3）数据筛选：利用条件表达式和布尔索引，可以方便地筛选出符合特定条件的数据。

（4）数据聚合：Pandas 支持分组聚合操作，如分组求和、分组求平均值等，便于对数据进行汇总分析。

（5）数据连接与合并：Pandas 提供了多种数据连接和合并方式，如内连接、外连接等，便于将多个数据源整合到一起进行分析。

### 3. 内置函数与方法

Pandas 内置了大量的函数和方法，用于处理时间序列数据、进行统计计算和绘制图表等，使数据处理和分析变得更加便捷。

通过 DataFrame 和 Series 这两种核心数据结构，结合丰富的数据操作与分析能力，Pandas 为 Python 用户提供了一个强大的数据处理和分析工具，使得数据科学家、分析师和开发者能够高效地处理和分析大规模数据集。

本章深入探讨了 Pandas 库在数据分析中的应用，它是一个功能强大的 Python 库，Pandas 专门用于处理结构化数据。通过学习 Pandas 的核心数据结构——DataFrame 和 Series，读者掌握了数据的读取、清洗、转换、合并、重塑以及进行数据分组、过滤和排序等操作。此外，本章还介绍了时间序列数据处理，通过期末成绩处理案例，读者了解到如何高效地利用 Pandas 进行数据分析和数据整理。

## 课后练习

### 1. 简答与编程题

（1）编写 Python 代码，使用 Pandas 读取 CSV 文件，并计算某一列的总和。

（2）描述 Pandas 的 dropna() 和 fillna() 函数在数据清洗中的作用。
（3）如何使用 Pandas 将一个多层索引的 DataFrame 扁平化？

### 2. 实训

使用 Pandas 处理一份包含缺失值和异常值的销售数据集，完成数据清洗和初步分析，例如计算销售额总和、按地区分组统计销售额等。

## 课后思考

在大数据时代的背景下，掌握 Pandas 这样的数据分析工具对于提升数据处理效率、支持决策分析和业务发展至关重要。结合我国大数据产业发展现状，请你思考如何通过推广 Pandas 等数据分析技术，培养更多具备数据处理能力的专业人才，助力企业和政府部门更有效地挖掘数据价值，服务社会经济的转型升级。

# 第 4 章 Matplotlib 与数据可视化

Matplotlib 是 Python 中最常用的数据可视化库之一，它提供了丰富的绘图功能，能够创建高质量的图形，包括线图、散点图、柱状图和箱线图等多种类型。通过本章的学习，读者将深入了解 Matplotlib 库的基本原理和常用功能，学会如何利用 Matplotlib 进行数据可视化，使数据更加直观、易于理解。

## 学习目标

### 知识目标

理解 Matplotlib 库的基本原理和常用绘图函数，熟悉常见图形的绘制方法，包括线图、散点图、直方图和箱线图等；掌握如何设置图形的样式、标签、标题和轴标签等属性，以及如何添加图例和注释；了解如何创建多子图、设置图形尺寸和保存图形等高级功能。

### 能力目标

能够使用 Matplotlib 创建各种类型的图形，对数据进行可视化呈现，帮助用户更直观地理解数据的特征和规律，支持数据分析和决策；具备自定义图形样式、布局和保存图形等高级技能，提升数据可视化效果和用户体验。

### 素养目标

培养对数据可视化的重要性和应用场景的认识，提高数据解读和沟通的能力，加强对图形设计原则和数据可视化最佳实践的理解，为数据科学和数据驱动决策提供有力支持。

## 知识导图

本章内容主要围绕 Matplotlib 库的基本原理和常用绘图函数展开，包括线图、散点图、直方图和箱线图等常见图形的绘制方法，以及图形样式、布局、标签和注释等属性设置。通过实际案例“红葡萄酒质量的数据分析”，读者能够深入理解 Matplotlib 在数据可视化中的应用和价值。Matplotlib 核心知识如图 4-1 所示。

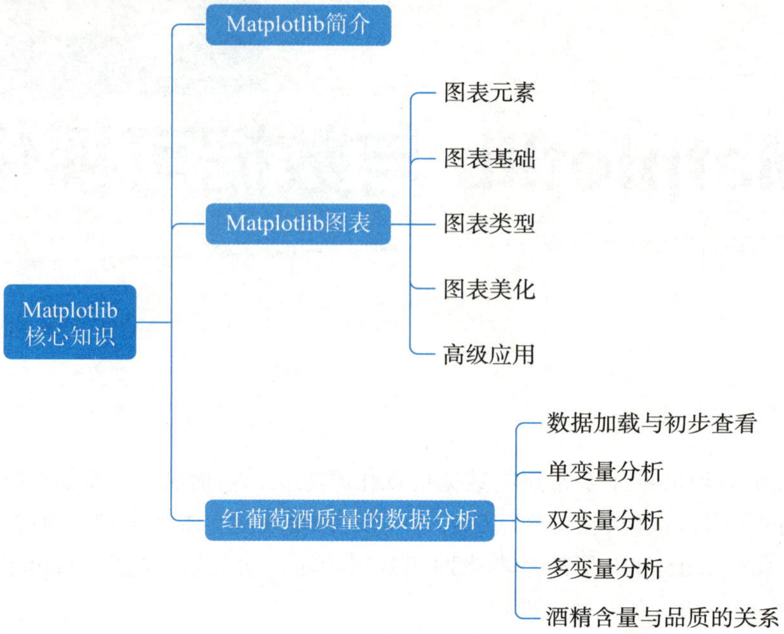


**图 4-1　Matplotlib 核心知识**

通过本章的学习，读者将熟练运用 Matplotlib 库进行数据可视化，为数据分析和决策提供更直观、有效的支持。

## 4.1 Matplotlib 简介

知识微课堂

Matplotlib 层次结构

Matplotlib 是一个用于创建二维图表的 Python 库，旨在为 Python 提供一个绘图工具，类似于 MATLAB 的绘图功能，使得用户可以在 Python 环境下进行高质量的数据可视化。Matplotlib 是数据科学和人工智能领域中最受欢迎的可视化工具之一，它的设计哲学是用简单的代码绘制出美观且有说服力的图表。

### 4.1.1　核心特点

（1）多样化的绘图功能：Matplotlib 支持多种类型的图表，包括线图、散点图、柱状图、饼图、直方图和箱线图等，几乎可以满足所有领域对图表的需求。

（2）高度的定制性：用户可以调整图表的每一个元素，包括颜色、线型、字体和布局等，以达到理想的视觉效果。

（3）广泛的应用场景：从科学计算到商业分析，Matplotlib 能够在各种场合进行数据的可视化展示，是教学、研究和工业应用中不可或缺的工具之一。

（4）良好的兼容性：Matplotlib 可以与 NumPy 和 Pandas 等数据处理库无缝集成，支持各种格式的数据源，并能够轻松导出多种静态、动态和交互式的图表。

### 4.1.2　应用领域

Matplotlib 的应用非常广泛，它不仅是数据分析和科学计算领域的首选工具，也被广泛应用于金融、经济、社会科学和工程模拟等多个领域。无论是进行市场趋势分析、科学研究的数据可视化，还是制作数据报告和学术论文的图表，Matplotlib 都是一个强有力的工具。

### 4.1.3　学习路径

学习 Matplotlib 通常从了解其基本结构和绘图原理开始，逐步深入到复杂图表的绘制和高级功能的使用。初学者可以从简单的线图和柱状图开始练习，随着对库的熟悉，再逐步尝试更复杂的图表类型和定制化操作。

通过掌握 Matplotlib，数据分析师和科研人员可以将复杂的数据转换为易于理解和解释的图形，有效地支持数据驱动的决策过程和科学研究。在本章的后续部分，我们将深入探讨 Matplotlib 的核心功能和实际应用价值，通过具体案例展示如何利用这一强大的工具来揭示数据背后的故事。

## 4.2　Matplotlib 图表

知识微课堂

Matplotlib 画图流程

知识微课堂

Matplotlib 基本图像与设置

本节主要阐述如下：

（1）图表元素：图形（Figure）、坐标系（Axes）、轴（Axis）、刻度（Tick）、标签（Label）、文本（Text）、图例（Legend）和常用图表等。

（2）图表基础：图形（Figure）和坐标系（Axes）。

（3）图表类型：线图、散点图和柱状图等。

（4）图表美化：颜色、样式、图例和标签。

（5）高级应用：子图、动画和 3D 图表。

### 4.2.1　图表元素

知识微课堂

Matplotlib 基本概念与元素

Matplotlib 以核心数据结构图形（Figure）和坐标系（Axes）为基础，利用各种绘图方法和接口，为数据可视化提供丰富的 2D 图形渲染能力。

Matplotlib 的基本元素如图 4-2 所示。

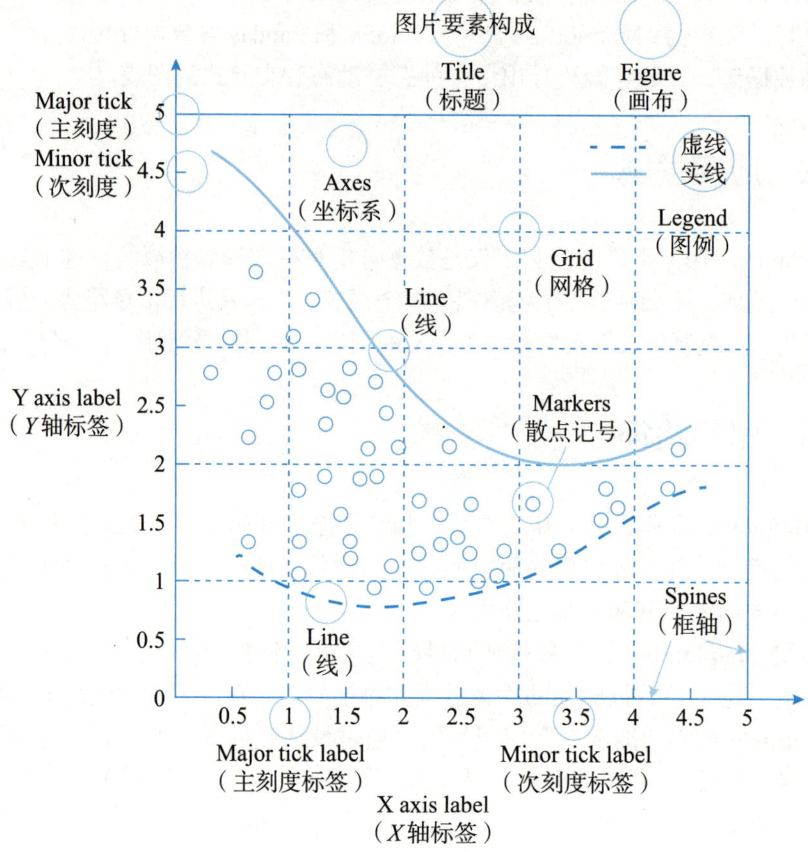


图 4-2　Matplotlib 元素

Matplotlib 的一些基本元素的简单介绍如下：

## 1. 画布（Figure）

Figure 是 Matplotlib 中最顶层的容器，它包含了图表中的所有元素。可以把 Figure 理解为一张空白的画纸，所有的绘图操作都是在这张画纸上进行的。

## 2. 坐标系（Axes）

Axes 是 Matplotlib 中用于绘制图形的基础元素，一个 Figure 可以包含一个或多个 Axes。Axes 代表图形的一部分，是具有数据空间的矩形区域。每个 Axes 对象都有一个 *X* 轴和一个 *Y* 轴，用于绘制图表，如线图、柱状图和散点图等。Axes 还包含其他元素，如标题、图例和标签等。

## 3. Axis（轴）

Axis 是指图表中的一条轴线和与之相关的刻度标记、刻度标签等元素。每个 Axes 至少有两个 Axis 对象（*X* 轴和 *Y* 轴），它们负责控制数据的范围、刻度的位置以及刻度标签的显示。

### 4. 刻度（Tick）

Tick 是轴上用于表示数据点位置的小标记。每个 Axis 都有两种刻度：主刻度和次刻度。刻度由 Tick 对象表示，每个 Tick 都有一个标签，用于显示该刻度的值。

### 5. 标签（Label）

坐标轴标签：通过 xlabel() 和 ylabel() 函数添加，用于描述 *X* 轴和 *Y* 轴的信息。

图表标题：通过 title() 函数添加，提供整个图表的概述。

图例标签：在添加图例时使用，用于区分图表中不同数据系列。

### 6. 文本（Text）

Text 是图形中用于添加文本标签的元素。在 Matplotlib 中，可以通过 text() 函数在图形的任意位置添加文本，如标题、轴标签或任何自定义注释等。

### 7. 图例（Legend）

Legend 用于图形中表示每种数据类型的标识。在 Matplotlib 中，图例可以通过 legend() 函数自动生成，也可以手动创建和定制，以帮助解释图形中的数据。

### 8. 常用图表

（1）线图（Line2D）。

Line2D 是绘制线图的基本元素，用于表示二维空间中的线。在 Matplotlib 中，通过 plot() 函数绘制的图形，其实就是由一个或多个 Line2D 对象组成的。

（2）柱状图（Bar）。

Bar 是用于绘制柱状图的基本元素。在 Matplotlib 中，通过 bar() 函数可以绘制柱状图，表示数据的分布情况或不同类别之间的比较。

（3）散点图（Scatter）。

Scatter 用于绘制散点图，表示两个变量之间的关系。在 Matplotlib 中，通过 scatter() 函数可以绘制散点图，每个点的位置由其 x 值和 y 值确定。

## 4.2.2　图表基础

### 1. Figure

在 Matplotlib 中，Figure 对象是整个图形的顶层容器，它包含了图表的所有元素。在 Matplotlib 中，Figure 可以看作是一个画布，所有的绘图元素（如 Axes、图形标题和图例等）都将在这个画布上进行绘制。每个 Figure 对象都可以包含多个 Axes 对象，这些 Axes

代表了图表中的不同绘图区域。

Figure 的主要属性包括如下：

（1）大小：通过 figsize 参数设置，单位为英寸。

（2）分辨率：通过 dpi 参数设置，表示每英寸多少个像素点。

（3）背景色：通过 facecolor 参数设置。

（4）边缘色：通过 edgecolor 参数设置。

在使用 Matplotlib 时，通常首先创建一个空的 Figure 实例，然后在这个 Figure 上添加一个或多个 Axes（坐标系）。

下面是一个创建 Figure 并在其上添加一个简单线图的示例：

```
import matplotlib.pyplot as plt
# 创建Figure对象，设置大小为8×6英寸，分辨率为80
fig = plt.figure(figsize=(8, 6), dpi=80)
# 在Figure上添加一个Axes，占据整个Figure
ax = fig.add_subplot(1, 1, 1)  # 表示Figure只包含一个绘图区域
# 在Axes上绘制简单的线图
ax.plot([1, 2, 3, 4], [10, 20, 25, 30], color='blue', linewidth=2.5,
linestyle='-')
# 设置Axes的标题
ax.set_title('Example of Line Plot')
# 显示图表
plt.show()
```

输出，如图4-3所示：

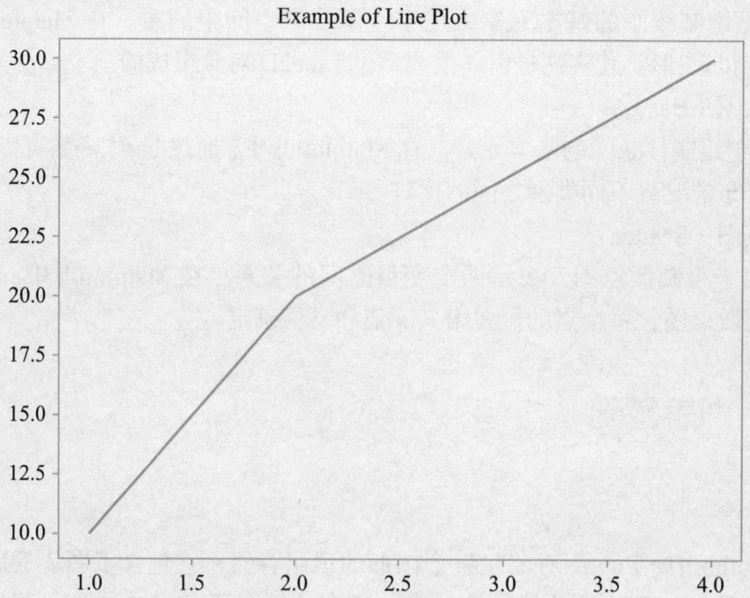


图 4-3　创建 Figure 并添加简单线图的示例

在这个示例中，首先导入了 matplotlib.pyplot 模块。然后使用 plt.figure() 创建了一个 Figure 实例，并通过 figsize 和 dpi 参数指定了图形的大小和分辨率。接下来，调用 fig.add_subplot(1, 1, 1) 在 Figure 上添加了一个 Axes 对象，这个 Axes 将占据整个 Figure 的空间。之后，在这个 Axes 上使用 plot() 方法绘制了一个简单的线图，并通过 set_title() 方法为这个图表设置了标题。最后，通过 plt.show() 显示了这个图表。

通过这种方式，可以在一个 Figure 对象上创建和组织多个图表和图形，灵活地进行复杂的数据可视化表达。

### 2. Axes

在 Matplotlib 中，Axes 对象是图表的核心元素，代表了图表的绘图区域。每个 Axes 对象都是一个拥有自己坐标系统的图表。

Axes 的主要特点和功能如下：

（1）绘图区域：Axes 是实际绘图的区域，可以在其中绘制各种图表，如线图、散点图和柱状图等。

（2）坐标轴：每个 Axes 对象都包含 2 个（或 3 个，对于 3D 图表）Axis 对象，分别代表 *X* 轴和 *Y* 轴。

（3）图表元素：可以在 Axes 上添加多种图表元素，如标题（Title）、图例（Legend）、网格线（Grid）和文本（Text）等。

（4）刻度和标签：Axes 的 *X* 轴和 *Y* 轴都有刻度（Tick）和刻度标签（Tick label），用于指示数据点的位置和值。

在 Matplotlib 中，可以通过多种方式创建 Axes 对象，最常见的是使用 subplots() 函数或 add_subplot() 方法。创建了 Axes 对象后，就可以使用它的方法来绘图和自定义图表的各种属性。

以下是一个在 Axes 对象上绘制简单线图的示例：

```
import matplotlib.pyplot as plt
# 创建一个包含单个Axes的Figure
fig, ax = plt.subplots()
# 在Axes上绘制线图
ax.plot([1, 2, 3, 4], [10, 20, 25, 30], label='Linear Growth')
# 添加标题和坐标轴标签
ax.set_title('Simple Line Plot')
ax.set_xlabel('X Axis')
ax.set_ylabel('Y Axis')
# 添加图例
ax.legend()
# 显示图表
plt.show()
```

输出，如图4-4所示：

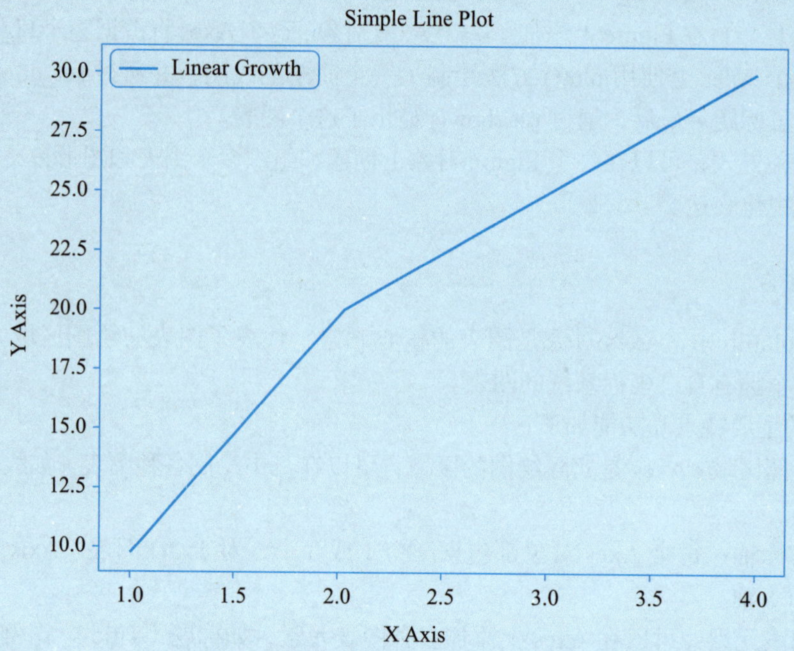


图 4-4　Axes 对象上绘制简单线图示例

在这个示例中，首先导入了 matplotlib.pyplot 模块。接着，使用 plt.subplots() 创建了一个 Figure 实例和一个 Axes 实例。然后，使用 Axes 对象的 plot() 方法在绘图区域内绘制了一条线图。此外，还通过 set_title()、set_xlabel() 和 set_ylabel() 方法为图表添加了标题和坐标轴标签。最后，通过 legend() 方法添加了图例，并使用 plt.show() 显示了整个图表。

通过这种方式，可以在单个 Axes 对象上创建精细且功能丰富的图表。同样地，Figure 对象可以容纳多个这样的 Axes，从而在一个图形窗口中展示多个图表。

## 4.2.3　图表类型

### 1. 线图

知识微课堂

Matplotlib 常见图形

在 Matplotlib 中，线图是最基本和常用的图表类型之一，用于展示随时间或其他连续变量变化的数据趋势。线图通过将数据点按顺序连接起来形成一条或多条线，以直观地显示数据随变量变化的趋势。

（1）线图的特点。

1）展示趋势：线图非常适合展示数据随时间或有序分类变量的变化趋势。

2）比较多个序列：可以在同一个图表中绘制多条线，以比较不同数据序列之间的关系和差异。

3）简洁明了：线图的表示方式简洁直观，易于理解，适合展示和解释数据的动态变化。

（2）绘制线图的基本步骤。

1）准备数据：确定你想要展示的数据和变量。

2）创建图表：使用 matplotlib.pyplot 的 plot() 函数绘制线图。

3）自定义图表：通过设置标题、坐标轴标签和图例等元素，增强图表的可读性和美观度。

4）显示或保存图表：使用 show() 函数显示图表，或用 savefig() 保存图表。

示例：绘制简单的线图。

```
import matplotlib.pyplot as plt
# 准备数据
x = [1, 2, 3, 4, 5]
y = [1, 4, 9, 16, 25]
# 使用plot()函数绘制线图
plt.plot(x, y)
# 添加标题和坐标轴标签
plt.title('Simple Line Plot')
plt.xlabel('X Axis')
plt.ylabel('Y Axis')
# 显示图表
plt.show()
```

输出，如图4-5所示：

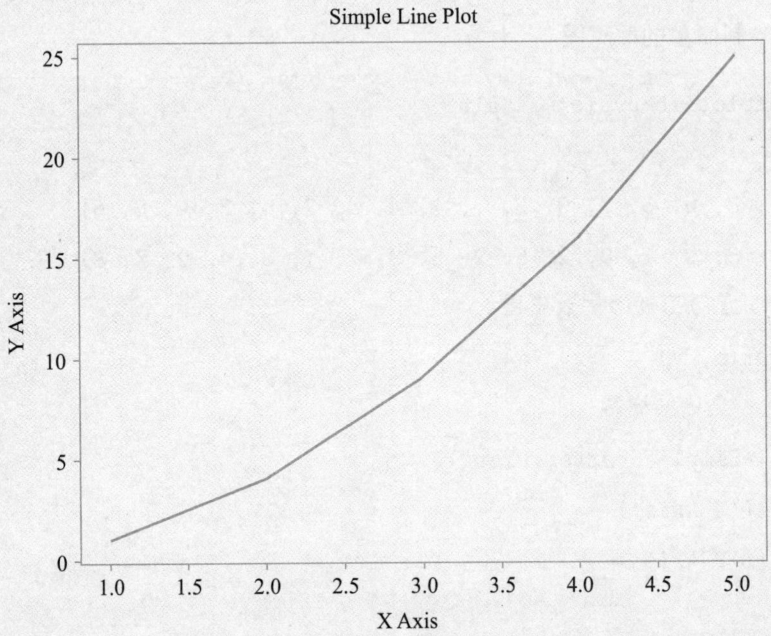


图 4-5　简单的线图示例

这个示例展示了如何使用 Matplotlib 绘制一个简单的线图。首先，导入 matplotlib.pyplot 模块。然后，准备 x 和 y 两组数据。接着，调用 plot() 函数绘制线图，并通过 title()、xlabel() 和 ylabel() 函数添加图表的标题和坐标轴标签。最后，使用 show() 函数显示这个线图。

### 2. 散点图

在 Matplotlib 中，散点图是用于探索两个变量之间关系的基本图表类型之一。它通过在直角坐标系的网格中描绘数据点来展示变量之间的相关性或分布趋势。每个点的位置由它对应的变量值决定。

（1）散点图的特点。

1）变量关系：散点图非常适合展示和分析两个（或更多）变量之间的关系，尤其是探索它们是否存在某种相关性。

2）数据分布：可以通过散点图直观地看出数据的分布情况，如数据是否聚集在某一区域或是否形成某种趋势等。

3）异常值检测：散点图还可以帮助识别数据中的异常值或离群点。

（2）绘制散点图的基本步骤。

1）准备数据：准备两组数据，分别对应 *X* 轴和 *Y* 轴。

2）创建散点图：使用 matplotlib.pyplot 的 scatter() 函数绘制散点图。

3）自定义图表：通过设置标题、坐标轴标签和图例等元素，让图表信息更完整。

4）显示或保存图表：使用 show() 函数显示图表，或用 savefig() 保存图表文件。

示例：绘制简单的散点图。

```
import matplotlib.pyplot as plt
# 准备数据
x = [5, 7, 8, 5, 6, 7, 9, 2, 3, 4, 4, 4, 2, 6, 3, 6, 8, 6]
y = [7, 4, 3, 9, 1, 3, 2, 5, 2, 4, 8, 7, 1, 6, 4, 9, 7, 8]
# 使用scatter()函数绘制散点图
plt.scatter(x, y)
# 添加标题和坐标轴标签
plt.title('Simple Scatter Plot')
plt.xlabel('X Axis')
plt.ylabel('Y Axis')
# 显示图表
plt.show()
```

输出，如图4-6所示：

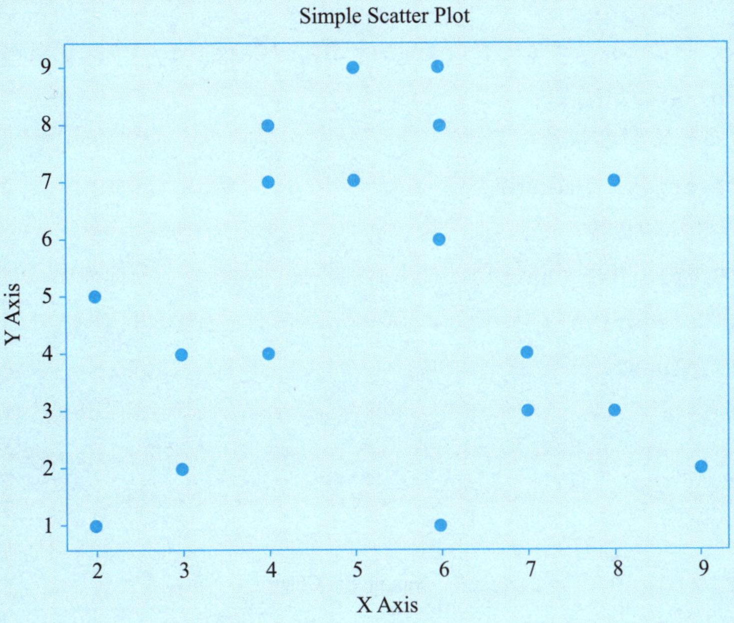


图 4-6 简单的散点图示例

这个示例展示了如何使用 Matplotlib 绘制一个简单的散点图。首先通过 scatter() 函数，将两组数据以点的形式绘制在图表中，每个点的横纵坐标分别对应一组数据的值。然后添加了图表的标题和坐标轴标签。最后通过 show() 函数将图表显示出来。

### 3. 柱状图

在 Matplotlib 中，柱状图是一种常用于展示分类数据的图表类型。通过柱状图，可以清晰地看到不同类别数据的大小，非常适合比较各个分类间的数值差异。

（1）柱状图的特点。

1）数据比较：柱状图通过不同高度的柱子来表示数据的大小，直观展示各个类别或组之间的数值差异。

2）分类清晰：每个柱子代表一个分类，使得数据的分类信息一目了然。

3）可视化差异：柱状图非常适合展示各个分类之间的差异，尤其是当需要突出某些类别的数据时。

（2）绘制柱状图的基本步骤。

1）准备数据：确定想要展示的分类数据及其对应的数值。

2）创建柱状图：使用 matplotlib.pyplot 的 bar() 函数绘制柱状图。

3）自定义图表：通过设置标题、坐标轴标签和图例等元素，增强图表的可读性和美观度。

4）显示或保存图表：使用 show() 函数显示图表，或用 savefig() 保存图表。

示例：绘制简单的柱状图。

```
import matplotlib.pyplot as plt
# 准备数据
categories = ['Category A', 'Category B', 'Category C', 'Category D']
values = [23, 45, 56, 78]
# 使用bar()函数绘制柱状图
plt.bar(categories, values)
# 添加标题和坐标轴标签
plt.title('Simple Bar Chart')
plt.xlabel('Categories')
plt.ylabel('Values')
# 显示图表
plt.show()
```

输出，如图4-7所示：

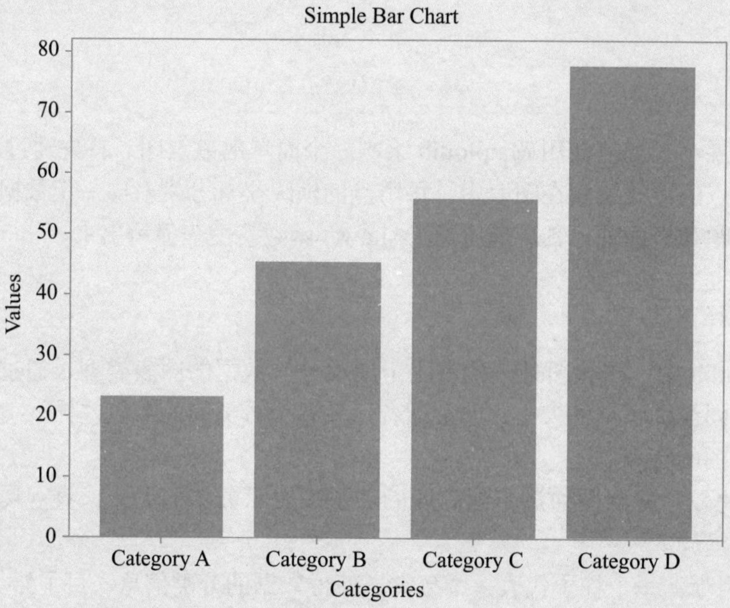


图 4-7 简单的柱状图示例

这个示例展示了如何使用 Matplotlib 绘制一个简单的柱状图。首先，定义了两个列表 categories 和 values，分别代表分类和每个分类对应的数值。然后，调用 bar() 函数创建柱状图，其中 categories 为 X 轴上的分类标签，values 为每个柱子的高度。接着，通过 title()、xlabel() 和 ylabel() 函数为图表添加标题和坐标轴标签。最后，使用 show() 函数将图表显示出来。

### 4.2.4 图表美化

在 Matplotlib 中，美化图表不仅可以使图表更加吸引人，还能使图表更清晰地传达数据的信息。通过调整图表颜色、样式、图例和标签等元素，可以大大提升图表的可读性和美观度。

#### 1. 颜色

在 Matplotlib 中，颜色可以用来区分不同的数据系列、高亮特定的数据点或改善图表的整体视觉效果。颜色可以通过多种方式指定，包括预定义的颜色代码（如“r”代表红色）、HEX 颜色代码（如“#FF5733”）或 RGB 元组（如 (1, 0, 0) 代表红色）。

#### 2. 样式

Matplotlib 提供了多种线条和点的样式，可以用来区分图表中的不同数据系列。例如，可以通过 linestyle 参数设置线条样式（如实线“–”、虚线“--”和点线“:”等），通过 marker 参数设置数据点的样式（如圆形“o”、星形“*”、方形“s”等）。

#### 3. 图例

图例用于解释图表中代表的各个数据系列。在 Matplotlib 中，可以通过 legend() 函数添加图例。图例的位置可以通过 loc 参数设置，如“upper right”“lower left”等，或者使用 bbox_to_anchor 精确控制图例的锚点位置。

#### 4. 标签

标题：通过 title() 函数给图表添加标题，可以通过 fontsize 和 color 等参数调整标题的样式。

坐标轴标签：通过 xlabel() 和 ylabel() 函数给 $X$ 轴和 $Y$ 轴添加标签，用于说明各轴代表的数据含义。

刻度标签：通过 xticks() 和 yticks() 函数自定义坐标轴的刻度和刻度标签，以改善图表的可读性。

示例：美化图表。

```
import matplotlib.pyplot as plt
plt. rcParams['font.sans-serif']=['simHei']    #用来正常显示中文标签
# 准备数据
x = [1, 2, 3, 4, 5]
y = [1, 4, 9, 16, 25]
```

```
# 绘制线图，并设置线条颜色、样式、标记符号，以及图例标签
plt.plot(x, y, color='green', linestyle='--', marker='o', label='数据系列')
# 设置图表标题，并调整字体大小和颜色
plt.title('增强的线图', fontsize=14, color='blue')
# 设置X轴和Y轴标签，并调整字体大小
plt.xlabel('X轴', fontsize=12)
plt.ylabel('Y轴', fontsize=12)
# 添加图例，并指定位置
plt.legend(loc='upper left')
# 显示网格线
plt.grid(True)
# 显示图表
plt.show()
```

输出，如图4-8所示：

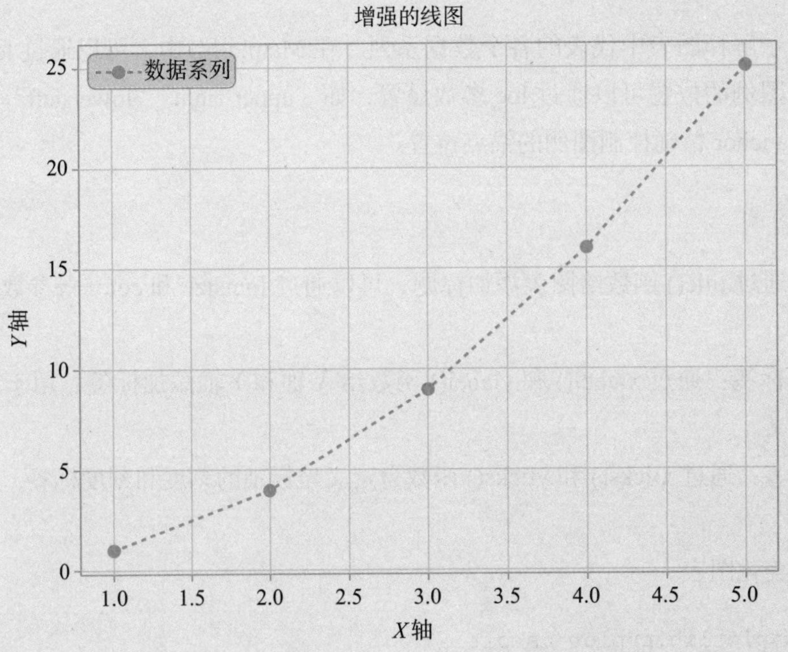


图 4-8　美化图表示例

在这段代码中：

plt.plot() 函数用于绘制线图，其中 color='green' 设置线条颜色为绿色，linestyle='--'

设置线条样式为虚线，marker='o' 设置数据点标记为圆形，label=' 数据系列 ' 设置图例的标签。

plt.title() 函数用于添加图表标题，fontsize 和 color 参数分别调整标题的字体大小和颜色。

plt.xlabel() 和 plt.ylabel() 函数分别设置 *X* 轴和 *Y* 轴的标签，并通过 fontsize 参数调整标签字体大小。

plt.legend() 函数添加图例，loc='upper left' 参数指定图例的位置在左上角。

plt.grid(True) 开启网格线显示，有助于更准确地读取图表中的数据点位置。

这些设置可以使得 Matplotlib 绘制的图表更加美观、更易于理解。

## 4.2.5 高级应用

Matplotlib 不仅支持基本的图表绘制，还提供了多种高级功能，如子图、动画和 3D 图表，使得数据可视化更加丰富。

知识微课堂

Matplotlib 动画

### 1. 子图（Subplots）

子图允许在一个画布上创建多个图表。这对于比较多个数据集或展示不同视角的数据非常有用。Matplotlib 提供了 subplot() 和 subplots() 等函数来实现子图的布局。

subplot() 用于在 Figure 中添加单个子图。

subplots() 则更加灵活，可以一次性创建多个子图，并返回一个包含所有子图对象的数组。

```
import matplotlib.pyplot as plt
# 使用subplots创建一个2行2列的子图布局，并返回图形和轴对象的数组
fig, axs = plt.subplots(2, 2)
# 使用轴对象绘制不同类型的图表
axs[0, 0].plot([1, 2, 3], [1, 2, 3]) # 在第1个子图位置绘制线图
axs[0, 1].bar([1, 2, 3], [3, 2, 1]) # 在第2个子图位置绘制柱状图
axs[1, 0].scatter([1, 2, 3], [3, 2, 1]) # 在第3个子图位置绘制散点图
axs[1, 1].fill_between([1, 2, 3], [3, 2, 1], color='green') # 在第4个子图位置绘制填充图
plt.show() # 显示所有子图
```

输出，如图4-9所示：

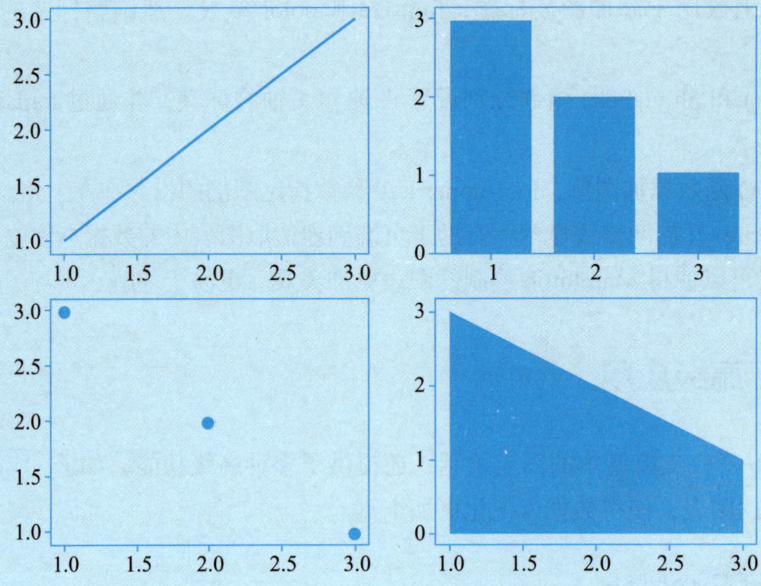


图 4-9　子图示例

## 2. 动画（Animation）

动画可以用来展示数据的动态变化过程。Matplotlib 的 animation 模块提供了创建动画的工具。基本思路是更新图表的数据点，并不断重新绘制。

用 animation 绘制复杂动画，最核心的是 FuncAnimation 这个类。下面是 FuncAnimation 的用法。

FuncAnimation(fig, func, frames, init_func, interval, blit) 的主要参数的含义如下：

（1）fig：绘制动画的画布名称。

（2）func：回调函数，每次更新时调用。该函数（如下文中定义的 update 函数）用于更新动画中的 line2D 对象。

（3）frames：动画的帧数表示动画的总长度，即整个动画 frame 的取值范围。在函数运行时，其值会传递给函数 update(n) 的形参“n”。

（4）init_func：初始化函数，用于设置动画的初始状态，通常进入一个自定义的初始化函数（如 init）。

（5）interval：两帧之间的时间间隔，学位为毫秒（ms），决定了动画的播放速度。

（6）blit：选择更新所有点，还是仅更新产生变化的点。

示例：绘制简单的动画图表。

```
import numpy as np
from matplotlib import pyplot as plt
from matplotlib.animation import FuncAnimation
# 在Jupyter Notebook中需要使用特定的魔术命令“% matplotlib notebook”来正
确显示动画
%matplotlib notebook
# 创建一个图表和一个轴
fig, ax = plt.subplots()
xdata, ydata = [], [] # 初始化两个空列表，用于存储数据点
ln, = plt.plot([], [], 'r-') # 初始化一个空的线图
def init():
    # 设置坐标轴的显示范围
    ax.set_xlim(0, 2*np.pi)
    ax.set_ylim(-1, 1)
    return ln,
def update(n):
    # 更新数据点
    xdata.append(n)
    ydata.append(np.sin(n))
    ln.set_data(xdata, ydata) # 更新线图的数据
    return ln,
# 创建动画对象，指定更新函数和帧数等
ani = FuncAnimation(fig, update, frames=np.linspace(0, 2*np.pi, 128),
                    init_func=init, blit=True)
plt.show() # 显示动画
```

输出，如图4-10所示：

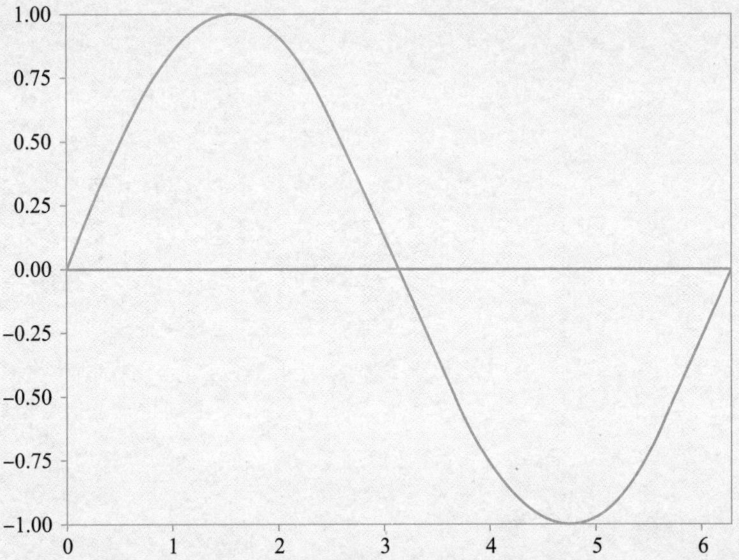


图 4-10　动画示例

### 3. 3D 图表

Matplotlib 也支持 3D 图表的绘制，如 3D 散点图、3D 曲面图等。这需要从 mpl_toolkits.mplot3d 模块导入 Axes3D 类。

```
from mpl_toolkits.mplot3d import Axes3D
import numpy as np
import matplotlib.pyplot as plt
plt. rcParams['axes.unicode_minus']=False    #用来显示负号
# 创建一个3D坐标的图表
fig = plt.figure()
ax = fig.add_subplot(111, projection='3d')
# 生成数据
x = np.random.standard_normal(100)
y = np.random.standard_normal(100)
z = np.random.standard_normal(100)
# 绘制3D散点图
ax.scatter(x, y, z)
# 设置坐标轴标签
ax.set_xlabel('X Label')
ax.set_ylabel('Y Label')
ax.set_zlabel('Z Label')
plt.show()
```

输出，如图4-11所示：

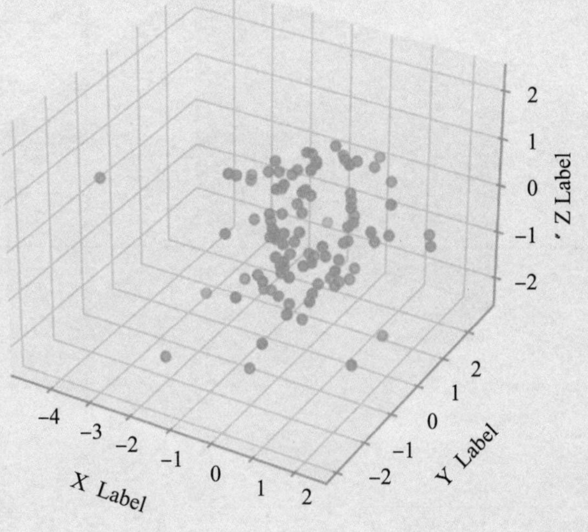


图 4-11　3D 图表示例

# 4.3 红葡萄酒质量的数据分析

技能微课堂

红葡萄酒质量的数据分析与可视化

红葡萄酒质量的数据可以从 https://www.datacastle.cn/dataset_description.html?type=dataset&id=756 中获得。红葡萄酒质量数据包含 12 种特征与最终质量评分，具体如下：固定酸度（fixed acidity）、挥发性酸度（volatile acidity）、柠檬酸（citric acid）、残留糖分（residual sugar）、氯化物（chlorides）、游离二氧化硫（free sulfur dioxide）、总二氧化硫（total sulfur dioxide）、密度（density）、pH 值（pH）、硫酸盐（sulphates）、酒精度（alcohol）和品质（quality）。

## 4.3.1 数据加载与初步查看

需要用 Pandas 加载数据并查看前几行。

```
import pandas as pd

# 数据位于“winequality-red-cn.csv”文件中
wine_data = pd.read_csv('winequality-red-cn.csv', encoding='ANSI')
print(wine_data.head(2))
输出：
    固定酸度  挥发性酸度  柠檬酸  残留糖分  氯化物  游离二氧化硫  总二氧化硫
密度    pH值    硫酸盐  酒精度  品质
0  7.4  0.70  0.0  1.9  0.076  11.0   34.0  0.9978  3.51  0.56  9.4  5
1  7.8  0.88  0.0  2.6  0.098  25.0   67.0  0.9968  3.20  0.68  9.8  5
```

## 4.3.2 单变量分析

单变量分析是对一个变量进行分析，以了解其分布和特性。

```
import matplotlib.pyplot as plt
plt. rcParams['font. sans-serif']:['SimHei']  # 用来正常显示中文标签
# 在画图之前创建新的Figure对象，避免图画在之前的Figure对象里
plt.figure()
# 柱状图显示红葡萄酒的品质分布
wine_data['品质'].value_counts().sort_index().plot.bar()
plt.xlabel('品质评分')
plt.ylabel('数量')
plt.title('红葡萄酒品质分布')
plt.show()
```

输出，如图4-12所示：

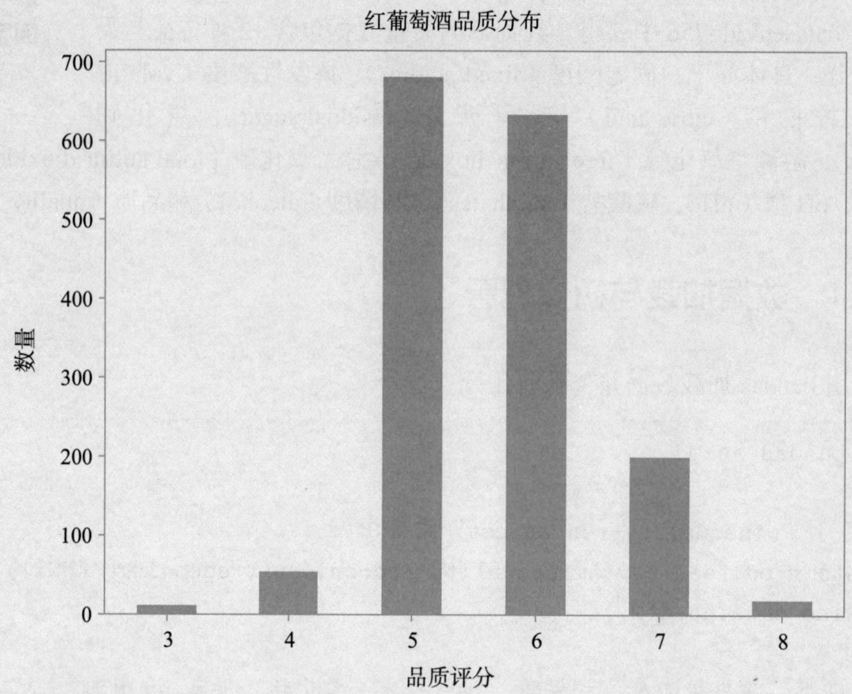


图 4-12　红葡萄酒品质分布图

## 4.3.3　双变量分析

双变量分析是对两个变量进行分析，以了解它们之间的关系。

### 1. 分析 pH 值与品质的关系

```
plt.figure()
# 散点图显示pH值与品质的关系
plt.scatter(wine_data['pH值'], wine_data['品质'])
plt.xlabel('pH值')
plt.ylabel('品质')
plt.title('pH值与品质的关系')
plt.show()
```

输出，如图4-13所示：

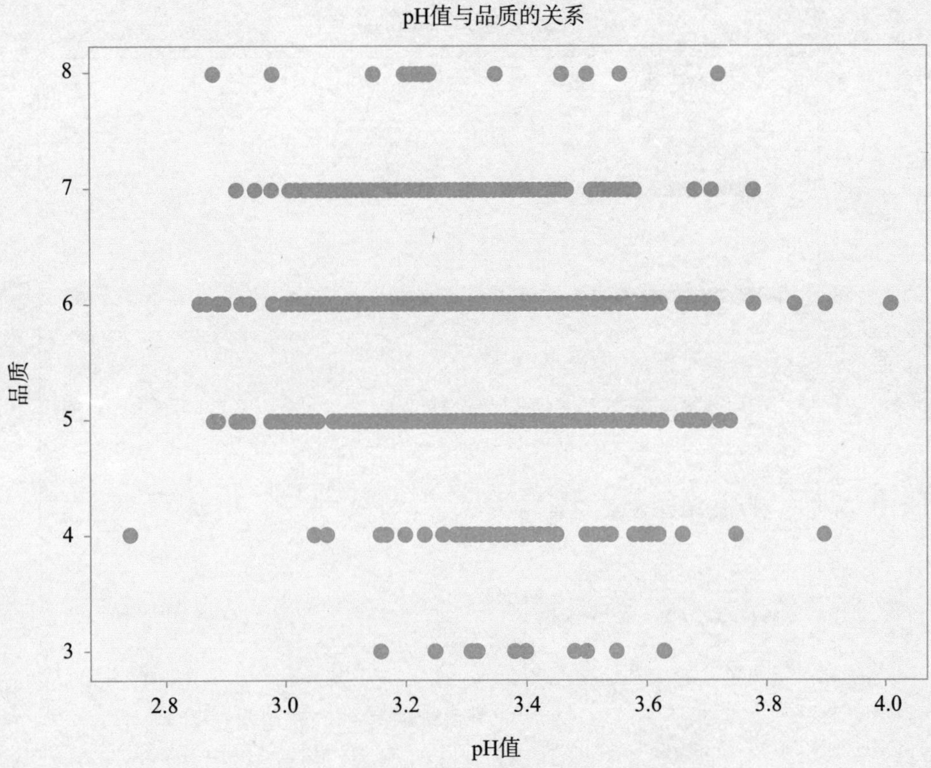


图 4-13　pH 值与品质的关系图

## 2. 分析残留糖分与品质的关系

```
plt.figure()
# 散点图显示残留糖分与品质的关系
plt.scatter(wine_data['残留糖分'], wine_data['品质'])
plt.xlabel('残留糖分')
plt.ylabel('品质')
plt.title('残留糖分与品质的关系')
plt.show()
```

输出，如图4-14所示：

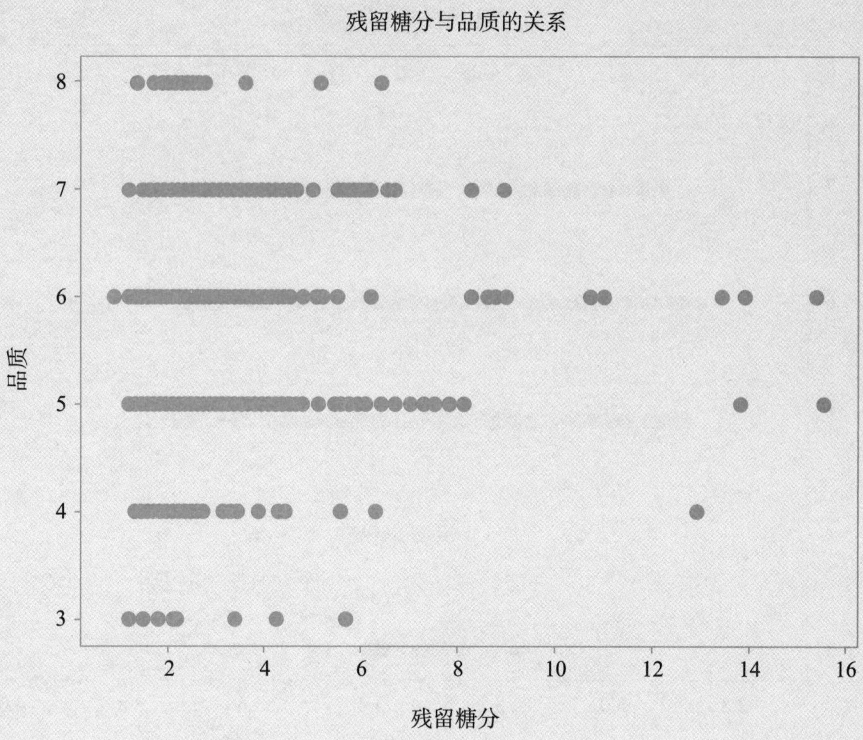


图 4-14　残留糖分与品质的关系图

### 3. 分析酒精度与品质的关系

```
plt.figure()
# 散点图显示酒精度与品质的关系
plt.scatter(wine_data['酒精度'], wine_data['品质'])
plt.xlabel('酒精度')
plt.ylabel('品质')
plt.title('酒精度与品质的关系')
plt.show()
```

输出，如图4-15所示：

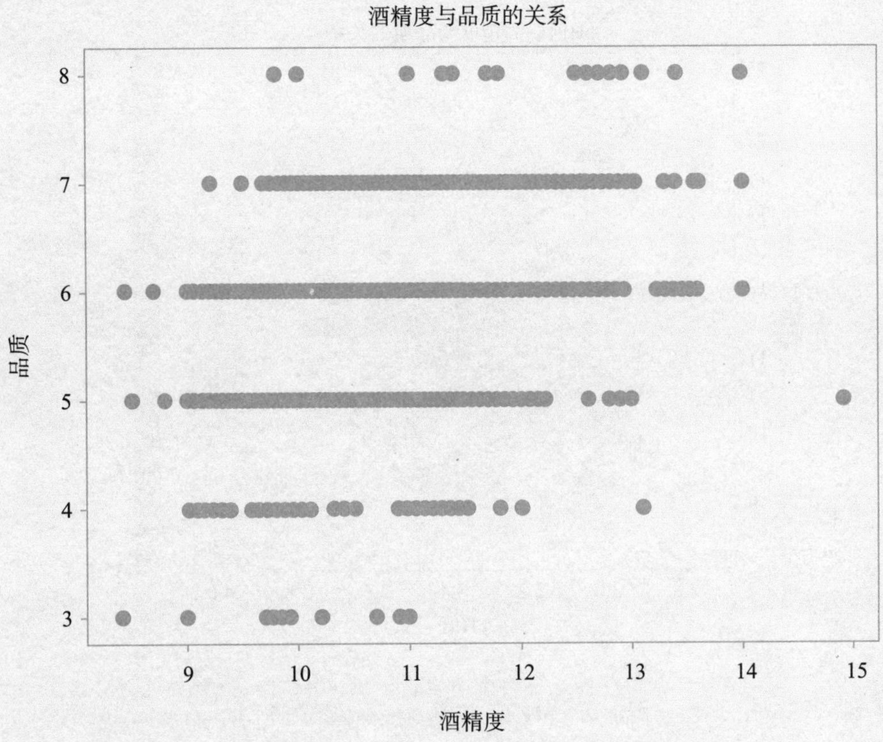


图 4-15 酒精度与品质的关系图

## 4.3.4 多变量分析

多变量分析是对三个或更多的变量进行分析，以了解它们之间的复杂关系。

```
plt.figure()
# 使用颜色映射显示三个变量之间的关系：pH值、酒精度和品质
plt.scatter(wine_data['pH值'], wine_data['酒精度'], c=wine_data['品质'],
cmap='viridis')
plt.colorbar().set_label('品质')
plt.xlabel('pH值')
plt.ylabel('酒精度')
plt.title('pH值、酒精度与品质的关系')
plt.show()
```

输出，如图4-16所示：

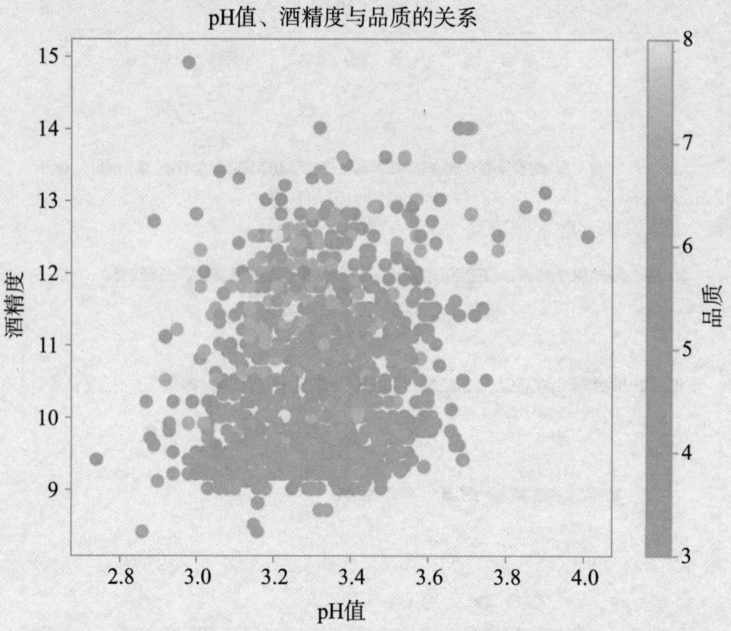


图 4-16　pH 值、酒精度与品质的关系图

## 4.3.5　酒精含量与品质的关系

```
import seaborn as sns
plt.figure()
# 使用箱线图可视化酒精含量与品质的关系
sns.boxplot(x='品质', y='酒精度', data=wine_data)
plt.title('不同品质的酒精含量分布')
plt.xlabel('品质')
plt.ylabel('酒精度')
plt.show()
```

输出，如图4-17所示：

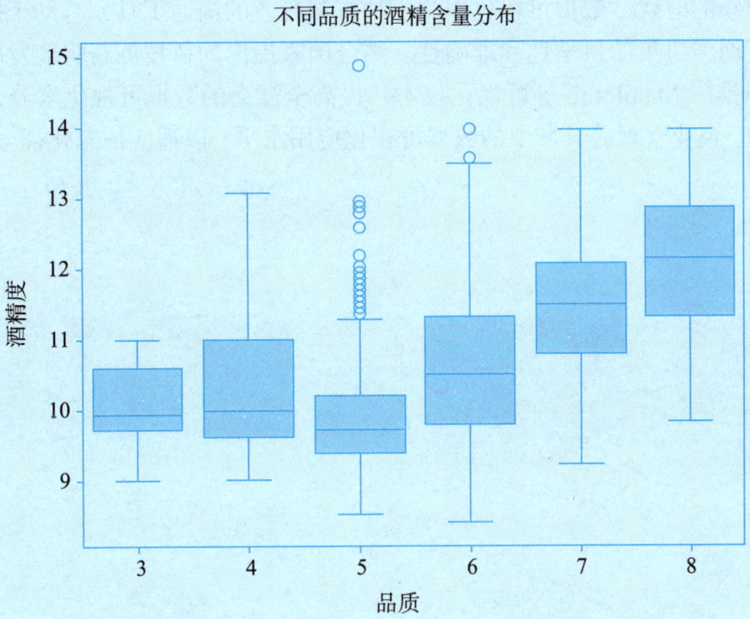


图 4-17 不同品质的酒精含量分布图

## 本章小结

第 4 章主要介绍了 Matplotlib 库在数据可视化方面的应用。通过学习本章内容，读者掌握了如何创建各种类型的图表，如线图、柱状图、散点图和箱线图等，以及如何进行图表的定制化，包括调整标题、标签、图例和颜色等。最后通过红葡萄酒质量数据的可视化分析实例，读者了解到如何利用 Matplotlib 将复杂的数据以直观的形式展现出来，便于分析和理解。

## 课后练习

### 1. 简答与编程题

（1）编写 Python 代码，使用 Matplotlib 绘制一条带有误差棒的线图。

（2）解释 matplotlib.pyplot.subplots() 函数在创建子图时中的作用。

### 2. 实训

根据提供的天气数据，利用 Matplotlib 绘制一周内的最高温和最低温线图，并添加日期标签。

## 课后思考

在数据驱动的时代，数据可视化作为一种直观有效的沟通工具，有助于揭示数据背后的深层规律，增强决策的科学性和准确性。结合国家提出的科技创新驱动发展战略，请探讨如何进一步推广 Matplotlib 等可视化技术，提高全社会的数据可视化素养，推动科学研究、教育教学、企业管理等领域中的数据可视化应用水平，以适应信息化社会的发展需求。

# 第5章 Sklearn 与机器学习

Sklearn（Scikit-learn）是 Python 中一个广泛使用的机器学习库，提供了一系列简洁且高效的工具，用于数据挖掘和数据分析。本章将探讨 Sklearn 库在机器学习项目中的应用，学习如何使用 Sklearn 进行数据预处理、模型构建、训练与评估以及结果预测，以帮助读者能更好地解决实际问题。

## 学习目标

### 知识目标

理解 Sklearn 库的架构及在机器学习中的作用；熟悉常用机器学习算法的实现，包括监督学习（如线性回归、逻辑回归、支持向量机、决策树等）和无监督学习（如聚类、降维等）；掌握数据预处理、特征选择和模型调优的方法；了解模型评估的各种指标和技术，如交叉验证、精确率、召回率等。

### 能力目标

能够使用 Sklearn 对实际数据集进行机器学习分析，有效构建、训练和评估模型；能够解决实际问题中的机器学习需求，提高模型的性能和准确率；为深入学习更高级的机器学习和深度学习工具（如 TensorFlow、PyTorch）奠定基础。

### 素养目标

培养良好的机器学习实践习惯，重视数据预处理和模型评估的重要性；提高在真实场景中设计和实现有效机器学习方案的能力；加深对 Python 机器学习生态系统的整体理解。

# 知识导图

本章内容主要围绕 Sklearn 库的功能和应用展开，涵盖了从数据预处理到模型构建、评估和优化的多个方面。通过实际案例“Titanic 生存预测”，读者将体会到 Sklearn 在机器学习项目中的强大功能和灵活性。Sklearn 核心知识如图 5-1 所示。

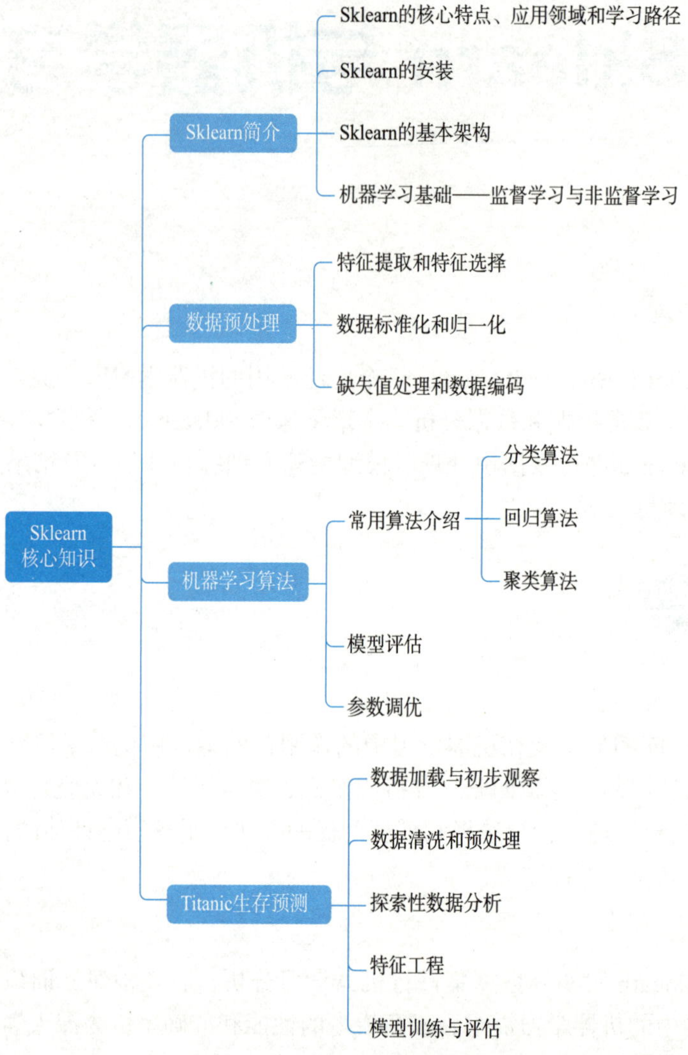


图 5-1　Sklearn 核心知识

通过本章的学习，读者将能够熟练运用 Sklearn 库处理机器学习的各个阶段，更有效地解决实际问题，为进行更深入的数据分析和模型构建打下坚实的基础。

# 5.1 Sklearn 简介

知识微课堂

Sklearn 简介

## 5.1.1 Sklearn 的核心特点、应用领域和学习路径

Sklearn（Scikit-learn）是一个基于 Python 的开源机器学习库，它建立在 NumPy、SciPy 和 Matplotlib 等科学计算库之上，提供了一套简单高效的工具，用于数据挖掘和数据分析。Sklearn 作为机器学习领域广泛使用的标准库之一，其设计理念是通过提供易于使用的 Python 接口，使得机器学习技术更加普及和易于应用。

### 1. 核心特点

（1）丰富的算法支持：Sklearn 包含了几乎所有常见的机器学习算法，如线性回归、支持向量机、决策树、随机森林、KNN 和聚类算法等，覆盖了监督学习和无监督学习的广泛需求。

（2）高效的数据预处理：Skleara 提供了一系列数据预处理功能，包括数据标准化、归一化、编码和缺失值处理等，帮助用户清洗和准备机器学习所需的数据集。

（3）易于评估和选择模型：通过交叉验证、网格搜索等工具，Sklearn 使模型评估和参数调优变得简单高效，帮助用户选择最适合的数据模型和参数。

（4）无缝集成与扩展性：Sklearn 设计为与 NumPy 和 SciPy 等科学计算库无缝集成，提供了统一且简洁的 API，同时易于扩展，用户可以自定义机器学习流程。

### 2. 应用领域

Sklearn 在商业和科研领域都有广泛的应用，包括但不限于金融风险控制、网络安全、医疗诊断、股票市场分析、社交网络分析、自然语言处理和图像识别等。它帮助企业和研究者快速实现机器学习模型的开发和部署，从而在大数据时代的背景下发掘数据价值，提升决策效率。

### 3. 学习路径

学习 Sklearn 通常从掌握基础的数据预处理和简单的机器学习模型开始，然后逐渐深入到复杂模型的构建、模型评估和调优。初学者可以通过 Sklearn 的官方文档和教程入门，通过实践不同类型的机器学习问题，逐步提升对算法原理和数据处理技巧的理解。

通过深入学习 Sklearn，用户不仅能够掌握机器学习的基本概念和核心技术，还能够在实际问题中设计和实施有效的机器学习解决方案。在本章的后续部分，我们将通过具体案例深入探讨 Sklearn 的核心功能和应用场景，展示如何利用这一强大的库来解决实际的机器学习挑战。

### 5.1.2 Sklearn 的安装

Scikit-learn 是 Python 的一个开源机器学习库，可以通过 pip 或 conda 命令轻松安装。要在 Jupyter Notebook 中安装 Scikit-learn，可以使用以下命令之一：

```
#在Jupyter Notebook中，感叹号(!)用于执行系统命令
!pip install scikit-learn
# 或者使用conda
!conda install scikit-learn
```

### 5.1.3 Sklearn 的基本架构

Sklearn（Scikit-learn）的基本架构以模块化形式呈现，覆盖了机器学习流程的各个阶段，主要包括分类、回归、聚类、降维、模型选择和预处理等模块。下面基于机器学习流程，分别对这些模块的具体应用和功能进行扩展描述。

#### 1. 预处理

在机器学习的初步阶段，数据预处理是至关重要的。预处理模块提供了数据清洗、特征选择、标准化、归一化和编码类别变量等功能。这些工具帮助用户处理原始数据，使其适合后续的机器学习任务。

#### 2. 特征选择与降维

在数据预处理后，Sklearn 的降维模块（如 PCA、LDA）允许用户减少数据维度，同时保留关键信息。特征选择功能则帮助用户选择最有影响力的特征，提高模型的效率和性能。

#### 3. 模型建立

（1）分类：对于分类任务，Sklearn 提供了多种算法，如决策树、随机森林、支持向量机（SVM）等。这些算法可以应用于带标签数据的模式识别和分类预测。

（2）回归：对于回归任务，Sklearn 提供了线性回归、岭回归等模型，用于预测数值型目标变量。

（3）聚类：在无监督学习领域，Sklearn 的聚类模块提供了 K-Means、DBSCAN 等算法，用于识别数据中的自然分组。

#### 4. 模型选择与调优

通过交叉验证、网格搜索等功能，Sklearn 的模型选择模块可以帮助用户评估和比较不同模型的性能，从而选择最合适的模型和参数。

#### 5. 模型评估

Sklearn 提供了丰富的评估指标，如准确率、召回率和 F1 分数等，帮助用户全面评估模型的性能。

#### 6. 模型持久化

通过工具如 joblib，Sklearn 允许用户将训练好的模型保存到磁盘中，以便后续使用或部署。

Sklearn 通过模块化设计，为用户在整个机器学习流程中提供强大而灵活的工具集，使得从数据预处理到模型部署的每一步都变得更加简洁和高效。此外，基于 Sklearn 强大的社区支持和详细的文档资料，用户在面对复杂的机器学习问题时，能够快速找到解决方案。

### 5.1.4 机器学习基础——监督学习与非监督学习

机器学习是一种使计算机能够从数据中学习并做出决策或预测的技术。根据训练数据是否有标签，机器学习主要分为监督学习和非监督学习两大类。

#### 1. 监督学习

监督学习是一种机器学习方法，其中模型通过带有标签的训练数据进行训练。这些标签表示数据的正确输出，使得模型能够学习输入与输出之间的映射关系。训练完成后，模型可以对新的、未见过的数据进行预测或分类。监督学习主要用于解决以下两种类型的问题：

（1）分类问题：当输出变量是类别时，例如判断一封电子邮件是否为垃圾邮件，或者识别图片中物体的类别。

（2）回归问题：当输出变量是连续值时，例如预测房价或股票价格。

监督学习的关键在于拥有大量高质量的带标签数据。这些数据使模型能够准确地学习到输入和输出之间的关系，从而在遇到新数据时能够做出准确的预测。

#### 2. 非监督学习

非监督学习是另一种机器学习方法，它不依赖于标签数据。由于训练数据没有标签，模型需要自行在数据中寻找结构或模式。非监督学习主要用于解决以下几种类型的问题：

（1）聚类：将数据集中的样本分成若干个通常未知的组别，例如市场细分、社交网络分析等。

（2）降维：减少数据的维度，同时尽可能保留重要信息，以便于数据的可视化或提高算法的效率。

（3）关联规则学习：在大规模数据集中寻找变量之间的有趣关系，例如在购物篮分析中识别经常一起购买的商品。

非监督学习的挑战在于缺乏明确的正确答案和评价标准，因此模型的效果在很大程度上依赖于数据的结构和算法的选择。

### 3. 总结

监督学习和非监督学习各有其优势和适用场景，它们为解决实际问题提供了不同的方法和技术。在实际应用中，选择合适的学习方法取决于问题的性质以及可用数据的类型。此外，还有一类被称为半监督学习的方法，它介于监督学习和非监督学习之间，适用于仅有少部分数据带有标签的情况。还有强化学习通过奖励机制来训练模型，适用于需要做出一系列决策的问题，如自动驾驶和游戏等。

知识微课堂

Sklearn 获取数据集

知识微课堂

数据预处理——归一化、标准化、正则化

知识微课堂

数据预处理——二值化、特征编码、插补缺失值、生成多项式特征

## 5.2 数据预处理

数据预处理是机器学习项目的核心环节，它直接关系到模型的性能和准确性。Scikit-learn 提供了丰富的工具来进行有效的数据预处理，涵盖特征提取、特征选择、数据标准化、归一化、缺失值处理和数据编码等多个方面。

### 5.2.1 特征提取和特征选择

#### 1. 特征提取

特征提取是将原始数据转换成为适合机器学习模型处理格式的过程。例如，在文本数据中，可以使用 TF-IDF 方法将文本转换为一组数值特征；在图像数据中，可以提取颜色、纹理等特征。

示例代码（文本特征提取）：

```
from sklearn.feature_extraction.text import TfidfVectorizer
texts = ['the quick brown fox', 'jumped over the lazy dog']
vectorizer = TfidfVectorizer()
feature_matrix = vectorizer.fit_transform(texts)
print(feature_matrix.toarray())
输出：
[[0.53404633 0.         0.53404633 0.         0.         0.
  0.53404633 0.37997836]
 [0.         0.47107781 0.         0.47107781 0.47107781 0.47107781
  0.         0.33517574]]
```

### 2. 特征选择

特征选择的目的是从众多特征中选出最有价值的部分，即去除不相关或冗余的特征。这样不仅可以提高模型的训练效率，还有助于提高模型的准确性。

示例代码（特征选择）：

```
from sklearn.feature_selection import SelectKBest, chi2

X, y = ... # 特征矩阵和目标变量
selector = SelectKBest(chi2, k=2)
X_new = selector.fit_transform(X, y)
print(X_new)
```

为此提供一个具体的示例，假设有一个关于鸢尾花数据集（Iris dataset）的分类任务，在这个任务中，特征矩阵 X 包含每朵鸢尾花的四个特征（萼片长度、萼片宽度、花瓣长度和花瓣宽度），而目标变量 y 是鸢尾花所属的类别（setosa、versicolor 或 virginica）。

```
from sklearn.datasets import load_iris
from sklearn.feature_selection import SelectKBest, chi2

# 加载鸢尾花数据集
iris = load_iris()
X = iris.data  # 特征矩阵
y = iris.target  # 目标变量

# 定义特征选择器，选择最好的2个特征
selector = SelectKBest(chi2, k=2)

# 训练模型并对原始特征进行降维
X_new = selector.fit_transform(X, y)

# 输出选择后的特征矩阵
print(X_new)
输出（部分，前三行）：
[[1.4 0.2]
 [1.4 0.2]
 [1.3 0.2]
...]
```

这段代码将基于卡方检验（chi-square test）从原始的四个特征中选择最相关的两个特征，并显示转换后的新特征矩阵 X_new。

## 5.2.2 数据标准化和归一化

### 1. 数据标准化

数据标准化是将数据缩放至均值为 0、标准差为 1 的范围内。这对于许多算法来说是必要的，因为它们对输入数据的规模很敏感。

示例代码（数据标准化）：

```
from sklearn.preprocessing import StandardScaler

X = ... # 特征矩阵
scaler = StandardScaler()
X_scaled = scaler.fit_transform(X)
print(X_scaled)
```

假设有以下一个简单的二维数据集，作为特征矩阵 X：

```
import numpy as np
# 示例数据
X = np.array([
    [1, 2],
    [3, 4],
    [5, 6],
    [7, 8],
    [9, 10]
])
from sklearn.preprocessing import StandardScaler
# 创建标准化对象
scaler = StandardScaler()
# 对特征矩阵进行标准化处理
X_scaled = scaler.fit_transform(X)
print(X_scaled)
输出：
[[-1.41421356 -1.41421356]
 [-0.70710678 -0.70710678]
 [ 0.          0.        ]
 [ 0.70710678  0.70710678]
 [ 1.41421356  1.41421356]]
```

在这段代码中，X 是一个包含五组样本的二维特征矩阵。执行标准化操作后，X_

scaled 将会是一个被标准化到均值为 0、标准差为 1 的新特征矩阵。

### 2. 归一化

归一化是将数据缩放到特定的最小和最大范围之间，通常为 0 到 1。这个过程有助于处理那些对绝对大小敏感的算法。

示例代码（归一化）：

```
from sklearn.preprocessing import MinMaxScaler

X = ... # 特征矩阵
min_max_scaler = MinMaxScaler()
X_minmax = min_max_scaler.fit_transform(X)
print(X_minmax)
```

假设有以下一个简单的三维数据集，作为特征矩阵 X：

```
import numpy as np

# 示例数据
X = np.array([
    [10, 20, 30],
    [40, 50, 60],
    [70, 80, 90],
    [100, 110, 120],
    [130, 140, 150]
])

from sklearn.preprocessing import MinMaxScaler

# 创建 MinMaxScaler 对象
min_max_scaler = MinMaxScaler()

# 对特征矩阵进行 MinMax 规范化处理
X_minmax = min_max_scaler.fit_transform(X)

print(X_minmax)
输出：
[[0.   0.   0.  ]
 [0.25 0.25 0.25]
```

```
[0.5  0.5  0.5 ]
[0.75 0.75 0.75]
[1.   1.   1.  ]]
```

在这个例子中，X 是一个包含五组样本、每组三个特征的三维特征矩阵。使用 MinMaxScaler 进行归一化后，每个特征的取值范围将被缩放到 0 与 1 之间。

## 5.2.3 缺失值处理和数据编码

### 1. 缺失值处理

在现实世界的数据集中，经常会遇到缺失值的问题。Scikit-learn 提供了几种处理缺失值的策略，如填充、删除。

示例代码（缺失值处理）:

```
import numpy as np
import pandas as pd
from sklearn.impute import SimpleImputer
from sklearn.preprocessing import MinMaxScaler

# 示例数据，其中包含缺失值（NaN）
X = np.array([
    [10, 20, np.nan],
    [40, np.nan, 60],
    [70, 80, 90],
    [np.nan, 110, 120],
    [130, 140, 150]
])

# 将数组转化为 DataFrame，便于处理缺失值
X_df = pd.DataFrame(X, columns=['feature1', 'feature2', 'feature3'])

# 使用简单 imputer（如均值填充法）填充缺失值
imputer = SimpleImputer(strategy='mean')
# 使用中位数填充缺失值
#imputer = SimpleImputer(strategy='median')
# 使用众数填充
```

```
#imputer = ModeImputer(strategy='mode')

X_filled = imputer.fit_transform(X_df)

# 创建 MinMaxScaler 对象并进行规范化

min_max_scaler = MinMaxScaler()
X_minmax = min_max_scaler.fit_transform(X_filled)

print(X_minmax)
```

```
输出：
[[0.         0.         0.5       ]
 [0.25       0.5625     0.        ]
 [0.5        0.5        0.33333333]
 [0.4375     0.75       0.66666667]
 [1.         1.         1.        ]]
```

这里首先创建了一个包含缺失值（NaN）的特征矩阵 X，然后通过 SimpleImputer 类将其填充为某个值（这里是特征均值）。接着，对填充完缺失值的数据应用 MinMaxScaler 进行归一化。注意，根据实际情况，也可以选择不同的填充策略，例如使用中位数、众数或其他方法填充缺失值。

### 2. 数据编码

许多机器学习模型都预期输入的数据类型是数值型的，因此需要将分类数据转换为数值数据。独热编码是一种常见的做法，它通过创建一个二进制的列来表示每个类别。

示例代码（独热编码）：

```
import numpy as up
From sklearn. preprocessing import OneHotEncoder
X = np.array([
    [0, 0],  # 红色 圆形
    [1, 1],  # 蓝色 方形
    [2, 0],  # 绿色 圆形
    [0, 1],  # 红色 方形
    [1, 0]   # 蓝色 圆形
])

# 创建 OneHotEncoder 对象
```

```
encoder = OneHotEncoder(sparse=False)

# 将分类特征转换为数值型数据（独热编码）
X_encoded = encoder.fit_transform(X)

print(X_encoded)
输出：
[[1. 0. 0. 1. 0.]
 [0. 0. 1. 0. 1.]
 [0. 1. 0. 1. 0.]
 [1. 0. 0. 0. 1.]
 [0. 0. 1. 1. 0.]]
```

这里的 X 是一个包含颜色和形状两个分类特征的 DataFrame。首先，为了使用 OneHotEncoder 进行编码，需要将分类特征转换为 categorical 类型，这是因为 OneHotEncoder 主要针对的是分类变量（categorical variables），它们在 Pandas 中以 categorical 类型表示。然后，初始化一个 OneHotEncoder 对象，并设置参数 sparse=False，这意味着编码结果将以密集矩阵而非稀疏矩阵的形式返回。在大多数情况下，当特征数量相对于样本数量较小且内存充足时，使用密集矩阵会更方便。

总结：通过使用 Scikit-learn 的数据预处理工具，可以有效地准备数据，为接下来的机器学习模型训练做好充分的准备。

## 5.3 机器学习算法

### 5.3.1 常用算法介绍

机器学习算法根据任务的不同可分为三大类：分类、回归和聚类。下面介绍这些算法的简要内容，以及它们的训练、评估和参数调优的方法，包括代码示例。

#### 1. 分类算法

分类算法用于将实例数据划分到预定义的类别中。最常见的分类算法包括：

（1）逻辑回归。

```
from sklearn.datasets import load_iris
from sklearn.linear_model import LogisticRegression
from sklearn.model_selection import train_test_split
```

```
# 加载数据
X, y = load_iris(return_X_y=True)
X_train, X_test, y_train, y_test = train_test_split(X, y, test_size=0.2,
random_state=42)

# 训练逻辑回归模型
model = LogisticRegression(max_iter=200)
model.fit(X_train, y_train)

# 评估模型
score = model.score(X_test, y_test)
print(f'准确率:{score*100:.2f}%')
```

```
输出:
准确率:100.00%
```

这段代码的主要功能是从 sklearn.datasets 中加载 Iris 数据集，然后使用逻辑回归模型进行训练，并对模型性能进行评估。

详细解释如下：

from sklearn.datasets import load_iris：加载 sklearn.datasets 模块中的 load_iris 函数，该函数用于导入经典的鸢尾花（Iris）数据集，包含 150 个样本，每个样本有 4 个特征（萼花长度、萼花宽度、花瓣长度、花瓣宽度）和一个类别标签（3 种鸢尾花种类之一）。

from sklearn.linear_model import LogisticRegression：导入 sklearn.linear_model 模块中的 LogisticRegression 类，这是一个用于分类问题的线性模型，它采用最大似然估计方法来估计模型参数，并通过 sigmoid 函数将连续预测值转化为类别概率。

from sklearn.model_selection import train_test_split：导入 sklearn.model_selection 模块中的 train_test_split 函数，用于将数据集划分为训练集和测试集，以便进行模型训练和验证。

X, y = load_iris(return_X_y=True)：加载 Iris 数据集，return_X_y=True 表示函数直接返回特征矩阵 X 和目标向量 y，而不返回 Bunch 对象。

X_train, X_test, y_train, y_test = train_test_split (X, y, test_size=0.2, random_state=42)：使用 train_test_split 函数将数据集划分为训练集和测试集，test_size=0.2 表示测试集占总数据集的 20%，而 random_state=42 用于设置随机种子，以确保每次划分的结果一致，便于复现实验结果。

model = LogisticRegression(max_iter=200)：创建 LogisticRegression 模型实例，并设置 max_iter=200 参数，表示在优化过程中最大的迭代次数。如果不指定，默认值可能会更高，这里为了演示，设定了一个较小的值。

model.fit(X_train, y_train)：使用训练集数据（特征 X_train 和对应的标签 y_train）来训练逻辑回归模型。

score = model.score(X_test, y_test)：使用测试集数据（特征 X_test 和对应的标签 y_ test）计算模型在测试集上的准确率分数。score 方法默认返回模型在预测类别上正确的样本比例，即准确率。

print（f'准确率：{score*100:.2f}%'）：输出模型在测试集上的准确率得分。

（2）决策树。

```
from sklearn.tree import DecisionTreeClassifier

# 加载数据
X, y = load_iris(return_X_y=True)
X_train, X_test, y_train, y_test = train_test_split(X, y, test_size=0.2,
random_state=42)
# 训练决策树模型
model = DecisionTreeClassifier(random_state=42)
model.fit(X_train, y_train)

# 评估模型
score = model.score(X_test, y_test)
print(f'准确率:{score*100:.2f}%')
输出:
准确率:100.00%
```

这段代码的功能是使用决策树分类器对经典 Iris 数据集进行训练和评估。

详细解释如下：

from sklearn.tree import DecisionTreeClassifier：导入 sklearn.tree 模块中的 DecisionTreeClassifier 类。这是一个基于决策树的监督学习分类器，能够通过构建决策树对数据进行分类。

X, y = load_iris(return_X_y=True)：从 sklearn.datasets 中加载 Iris 数据集。load_iris() 函数返回特征矩阵 X 和目标向量 y。return_X_y=True 参数使得函数直接返回特征和目标，而不是完整的 Bunch 对象。

X_train, X_test, y_train, y_test = train_test_split(X, y, test_size=0.2, random_state=42)：使用 train_test_split 函数将数据集划分为训练集和测试集。test_size=0.2 表示测试集占总数据集的 20%。random_state=42 是设置随机种子，确保每次划分的结果一致，有利于模型效果的复现和比较。

model = DecisionTreeClassifier(random_state=42)：创建 DecisionTreeClassifier 实例，并设置 random_state=42 参数。这个参数控制决策树的随机过程，包括特征选择、分割点选择等。设置相同的随机种子可以保证每次运行时模型结构一致。

model.fit(X_train, y_train)：使用训练集数据（特征 X_train 和对应的标签 y_train）来训练决策树模型。fit 方法根据训练数据构建决策树模型。

score = model.score(X_test, y_test)：使用测试集数据（特征 X_test 和对应的标签 y_test）评估模型的性能。score 方法返回模型在测试集上的准确率，即正确预测样本数占总样本数的比例。

print（f'准确率 :{score*100:.2f}%'）：格式化输出模型在测试集上的准确率，结果转换成百分比形式，并保留两位小数。这个输出可以直观反映模型在未知数据上的泛化能力。

### 2. 回归算法

回归算法用于预测连续的数值。常用的回归算法为线性回归。

```
from sklearn.datasets import load_diabetes
from sklearn.model_selection import train_test_split
from sklearn.linear_model import LinearRegression
from sklearn.metrics import r2_score

# 加载数据
diabetes_dataset = load_diabetes()
X = diabetes_dataset.data
y = diabetes_dataset.target

# 划分训练集和测试集
X_train, X_test, y_train, y_test = train_test_split(X, y, test_size=0.2,
random_state=42)

# 训练线性回归模型
model = LinearRegression()
model.fit(X_train, y_train)

# 预测
y_pred = model.predict(X_test)

# 评估模型
score = r2_score(y_test, y_pred)
print(f'R²分数: {score * 100:.2f}%')
输出:
R²分数: 45.26%
```

这段代码的主要功能是对 sklearn 内置的糖尿病数据集使用线性回归模型进行训练，并评估模型的表现。

详细解释如下：

from sklearn.datasets import load_diabetes：从 sklearn.datasets 模块中导入 load_diabetes 函数，该函数用于加载一个糖尿病数据集，其中该数据集包括 10 个生理指标特征和一个目标变量——一年后患者病情发展程度。

from sklearn.model_selection import train_test_split：导入 train_test_split 函数，该函数用于将数据集划分为训练集和测试集，以便进行模型训练和评估。

from sklearn.linear_model import LinearRegression：导入 LinearRegression 类，这是 sklearn 库中的一个线性回归模型，该模型用于建立因变量与自变量之间的线性关系。

from sklearn.metrics import r2_score：导入 r2_score 函数，该函数用于计算模型的决定系数 $R^2$，它是衡量回归模型拟合优度的一个统计量，取值范围在 0 到 1 之间，值越接近于 1，表示模型的拟合效果越好。

diabetes_dataset = load_diabetes()：加载糖尿病数据集，返回包含 data 属性（特征数据）和 target 属性（目标变量）的对象。

X = diabetes_dataset.data 和 y = diabetes_dataset.target：将加载的糖尿病数据集拆分为特征矩阵 X 和目标向量 y。

X_train, X_test, y_train, y_test = train_test_split(X, y, test_size=0.2, random_state=42)：将特征矩阵 X 和目标向量 y 划分为训练集和测试集。test_size=0.2 表示测试集占总数据集的 20%，random_state=42 用于设置随机种子，确保每次划分结果一致。

model = LinearRegression()：创建一个 LinearRegression 类的实例，即初始化线性回归模型。

model.fit(X_train, y_train)：使用训练集数据（特征 X_train 和目标 y_train）训练线性回归模型。

y_pred = model.predict(X_test)：使用训练好的模型对测试集特征 X_test 进行预测，从而得到预测的目标值 y_pred。

score = r2_score(y_test, y_pred)：计算模型在测试集上的决定系数 $R^2$ 分数，即模型预测值与真实值之间的相关程度。

print（f'R² 分数：{score * 100:.2f}%'）：输出模型的 $R^2$ 分数，将其乘以 100 转换为百分比，并保留两位小数，以便更直观地展示模型的预测性能。

## 3. 聚类算法

聚类算法将数据集分为多个组，这些组由相似的对象组成。常见的聚类算法有 K-Means 聚类。

```
# 导入所需的库
from sklearn.cluster import KMeans
from sklearn.datasets import make_blobs
```

```
import matplotlib.pyplot as plt

# 生成模拟数据集
# 参数解释:
# - n_samples: 指定要生成的数据点数量，这里是300个样本。
# - centers: 指定生成数据集中的聚类中心数量，这里设置为4，意味着我们期望生成的数据会被自然地分为4个簇。
# - cluster_std: 指定每个簇内数据点的标准偏差，这里的值为0.60，较小的值会使簇更加紧凑，较大的值则会让簇更加分散。
# - random_state: 设置随机种子，确保每次运行时生成相同的数据分布，便于重复实验和比较结果。

X, _ = make_blobs(n_samples=300, centers=4, cluster_std=0.60, random_state=0)

# 训练K-Means模型
# 创建K-Means实例，指定要寻找的聚类数量为4个（这应该与生成数据时设置的centers数量一致）
kmeans = KMeans(n_clusters=4)

# 使用fit方法训练模型，传入特征数据X
kmeans.fit(X)

# 预测
# 应用训练好的模型对原始数据X进行聚类标签预测
y_kmeans = kmeans.predict(X)

# 可视化聚类结果（可选）
plt.scatter(X[:, 0], X[:, 1], c=y_kmeans, cmap='viridis') # 绘制散点图，颜色代表不同聚类
plt.scatter(kmeans.cluster_centers_[:, 0], kmeans.cluster_centers_[:, 1], s=300, c='red') # 绘制聚类中心
plt.title('K-Means Clustering Results')
plt.xlabel('Feature 1')
plt.ylabel('Feature 2')
plt.show()
```

输出，如图5-2所示：

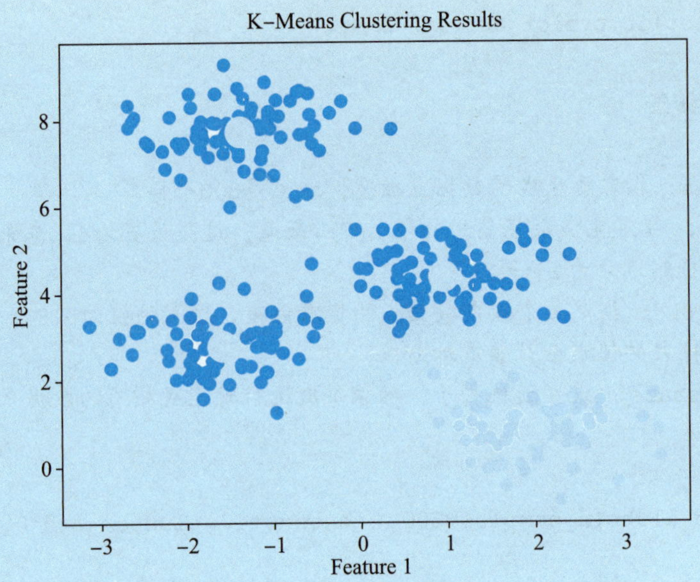


图 5-2　聚类算法

这段代码的主要功能是使用 Scikit-learn 库实现 K-Means 聚类算法，针对生成的模拟数据进行聚类分析，并通过可视化展示聚类结果。

具体步骤如下：

导入所需库：从 sklearn.cluster 中导入 K-Means 聚类算法，从 sklearn.datasets 中导入 make_blobs 函数用以生成模拟数据集，并导入 matplotlib.pyplot 库用于数据可视化。

生成模拟数据集：通过 make_blobs 函数创建一个包含 300 个样本的二维数据集，这些数据样本围绕 4 个聚类中心分布，簇内的数据点标准偏差为 0.60。同时，设置 random_state 以确保每次运行时生成相同的数据分布，以便复现实验结果。

训练 K-Means 模型：初始化一个 K-Means 实例，设定要寻找的聚类中心数目为 4，然后调用 fit 方法训练模型，传入生成的数据集 X，让模型学习数据的聚类结构。

进行聚类预测：使用已训练好的 K-Means 模型对原始数据集 X 进行预测，获取每个样本对应的聚类标签，并将其存储在变量 y_kmeans 中。

可视化聚类结果：绘制散点图，其中散点的颜色对应其所属的聚类类别（由 y_kmeans 决定），使用 “viridis” 颜色映射。同时，用红色大圆点标出各个聚类中心的位置（由 kmeans.cluster_centers_ 给出）。设置图表标题和坐标轴标签，并调用 plt.show() 显示最终的聚类可视化结果。

总之，这段代码展示了如何使用 K-Means 聚类算法对一组模拟的二维数据进行无监督聚类，并通过可视化检验聚类效果和观察各聚类中心的位置。

## 5.3.2　示例

### 1. 准备数据

样本数据包含四个特征：年龄、年收入、教育年数和居住地区（城市 =1，乡村 =0），并有意引入一些缺失值。

```
import numpy as np

# 特征：年龄，年收入，教育年数，居住地区
X = np.array([
    [25, 40000, 12, np.nan],  # 引入缺失值
    [35, 60000, np.nan, 1],   # 引入缺失值
    [45, 80000, 15, 1],
    [20, 20000, 10, 0],
    [30, 50000, np.nan, 1],   # 引入缺失值
    [40, 65000, 16, 0]
])
y = np.array([0, 1, 1, 0, 0, 1])
```

### 2. 缺失值处理

使用均值填充数值型特征的缺失值，使用最频繁值填充分类特征的缺失值。

```
from sklearn.impute import SimpleImputer

# 数值型特征缺失值处理
imputer_num = SimpleImputer(strategy='mean')
X[:, :3] = imputer_num.fit_transform(X[:, :3])

# 分类特征缺失值处理
imputer_cat = SimpleImputer(strategy='most_frequent')
X[:, 3] = imputer_cat.fit_transform(X[:, 3].reshape(-1, 1)).ravel()
```

### 3. 分类特征编码

对分类特征进行独热编码。

```
from sklearn.preprocessing import OneHotEncoder

encoder = OneHotEncoder(sparse=False)
X_encoded = encoder.fit_transform(X[:, 3].reshape(-1, 1))
```

### 4. 数据标准化

对数值型特征进行标准化处理。

```
from sklearn.preprocessing import StandardScaler

scaler = StandardScaler()
X_scaled = scaler.fit_transform(X[:, :3])
```

### 5. 合并处理后的特征

合并标准化后的数值型特征和编码后的分类特征。

```
X_processed = np.hstack([X_scaled, X_encoded])
```

### 6. 特征选择

使用 SelectKBest 方法进行特征选择。

```
from sklearn.feature_selection import SelectKBest, f_classif

# 选择最好的3个特征
selector = SelectKBest(f_classif, k=3)
X_selected = selector.fit_transform(X_processed, y)
```

### 7. 训练模型

使用逻辑回归模型进行训练。

```
from sklearn.linear_model import LogisticRegression

model = LogisticRegression()
model.fit(X_selected, y)
```

### 8. 预处理新观测值并进行预测

```
# 假定新观测值
new_observation = np.array([[32, 58000, 10, 1]])

# 应用相同的预处理步骤
new_observation[:, :3] = imputer_num.transform(new_observation[:, :3])
new_observation[:, 3] = imputer_cat.transform(new_observation[:, 3].re-
shape(-1, 1)).ravel()
new_observation_encoded = encoder.transform(new_observation[:, 3].re-
shape(-1, 1))
```

```
new_observation_scaled = scaler.transform(new_observation[:, :3])
new_observation_processed = np.hstack([new_observation_scaled,
new_observation_encoded])
new_observation_selected = selector.transform(new_observation_processed)

# 使用模型进行预测
prediction = model.predict(new_observation_selected)
print('预测结果：', '购买' if prediction[0] == 1 else '不购买')
输出：
预测结果： 不购买
```

这节示例的主要功能是对给定的人群数据进行预处理、特征选择，并使用逻辑回归模型进行预测。以下是详细的解释：

定义特征数据集 X，包含年龄、年收入、教育年数和居住地区四个特征，其中居住地区是一个分类特征（取值为 0 或 1）。同时，定义目标变量 y，表示用户是否会购买（1 表示购买，0 表示不购买）。

（1）缺失值处理：

对数值型特征（年龄、年收入、教育年数），使用 SimpleImputer 进行缺失值处理，这里采用了“均值”填补策略。

对分类特征（居住地区），使用 SimpleImputer 进行缺失值处理，这里采用了“最频繁出现的值”填补策略。

（2）特征工程：

对分类特征（居住地区）进行独热编码（OneHotEncoder），将类别特征转换为虚拟变量或指示变量。

对数值型特征（年龄、年收入、教育年数）进行标准化处理（StandardScaler），将所有特征缩放到同一尺度上。

（3）特征选择：

使用 SelectKBest 结合卡方检验（f_classif）选取最重要的三个特征。

（4）训练模型：

使用逻辑回归模型（LogisticRegression）对处理后的数据、选出的三个最佳特征以及目标变量进行训练。

（5）预测新观测值：

对新观测值执行与训练数据相同的预处理和特征选择步骤。

使用训练好的逻辑回归模型对新观测值进行预测，并输出预测结果（即购买或不购买）。

总结：这段代码首先完成了数据清洗和特征工程，然后进行了特征选择和模型训练，最后对新用户的购买行为进行了预测。

### 5.3.3 模型评估和参数调优

#### 1. 交叉验证

交叉验证是一种评估模型泛化性能的方法，常用的交叉验证方法有 K 折交叉验证（K-fold Cross-Validation）。

```
from sklearn.model_selection import cross_val_score

# 使用2折交叉验证评估模型，X有6条记录，6的因子有2和3，所以cv可以取2和3
scores = cross_val_score(model, X, y, cv=2)
print('平均准确率:', scores.mean())
输出：
平均准确率: 0.5
```

#### 2. 参数调优

使用网格搜索（Grid Search）进行参数调优。

```
from sklearn.datasets import load_iris
from sklearn.model_selection import train_test_split
from sklearn.svm import SVC
from sklearn.model_selection import GridSearchCV

# 加载数据集
iris = load_iris()
X = iris.data
y = iris.target

# 划分训练集和测试集
X_train, X_test, y_train, y_test = train_test_split(X, y, test_size=0.2,
random_state=42)

# 设置要搜索的参数网格
param_grid = {'C': [0.1, 1, 10, 100], 'gamma': [1, 0.1, 0.01, 0.001]}

# 使用网格搜索
grid_search = GridSearchCV(SVC(kernel='rbf'), param_grid, cv=5)
```

```
grid_search.fit(X_train, y_train)

# 输出最佳参数
print('最佳参数:', grid_search.best_params_)
输出:
最佳参数: {'C': 1, 'gamma': 1}
```

这段代码的主要功能是对 Iris 数据集使用支持向量机（SVM）进行分类，并通过网格搜索法对 SVM 模型的关键参数进行调优。

详细解释如下：

（1）导入必要的库：

① load_iris：从 sklearn.datasets 模块中加载 Iris 数据集，这是一个常用的小型多分类数据集，该数据集包含了 150 个样本，每个样本有 4 个特征和 1 个标签（3 种鸢尾花种类之一）。

② train_test_split：用于将数据集划分为训练集和测试集。

③ SVC：来自 sklearn.svm 模块的支持向量机分类器（Support Vector Classifier）。

④ GridSearchCV：来自 sklearn.model_selection 模块，用于执行网格搜索以找到模型的最佳参数组合。

⑤ 加载数据集：使用 load_iris() 加载 Iris 数据集，将特征数据赋值给变量 X，将标签数据赋值给变量 y。

⑥ 划分训练集和测试集：使用 train_test_split 函数将数据集划分为 80% 的训练集（X_train, y_train）和 20% 的测试集（X_test, y_test）。

⑦ 设置参数网格：定义一个字典 param_grid，其中包含要搜索的参数列表及其可能的取值。在这个例子中，我们搜索的是 SVM 模型的两个参数：C（正则化强度）和 gamma（高斯核函数的带宽）。

（2）使用网格搜索进行参数调优：

① 创建一个 SVM 分类器实例，并指定核函数为“rbf”（高斯核）。

② 初始化一个 GridSearchCV 对象，传入 SVM 分类器实例、参数网格 param_grid 以及交叉验证折叠数 cv=5。

③ 使用训练集数据（X_train 和 y_train）对 GridSearchCV 对象进行拟合，即在给定参数范围内搜索最优参数组合。

④ 输出最佳参数：调用 grid_search.best_params_ 属性，返回在交叉验证过程中找到的最优参数组合，并将其打印出来。

总结：这段代码实现了对 Iris 数据集使用 SVM 分类器进行多分类任务，并通过网格搜索自动寻找 SVM 模型的最佳参数组合，以提高模型在测试集上的表现。最后程序输出了最佳参数值。

## 5.4 Titanic 生存预测

技能微课堂

Titanic 探索性数据分析

技能微课堂

特征工程和数据清理

技能微课堂

预测模型

在这个实战项目中，我们将使用 NumPy、Pandas、Matplotlib 和 Sklearn 进行 Titanic 乘客生存预测的探索性数据分析（Exploratory Data Analysis，简称 EDA）和建模。项目将分为以下几个主要部分：数据加载与初步观察、数据清洗和预处理、探索性数据分析、特征工程、模型训练与评估。

### 5.4.1 数据加载与初步观察

首先，需要加载 Titanic 数据集并进行初步的观察。

```
import numpy as np
import pandas as pd

# 加载数据
train_data = pd.read_csv('train.csv')
test_data = pd.read_csv('test.csv')

# 初步观察数据
train_data.head()
```

输出，如图5-3所示：

| | PassengerId | Survived | Pclass | Name | Sex | Age | SibSp | Parch | Ticket | Fare | Cabin | Embarked |
|---|---|---|---|---|---|---|---|---|---|---|---|---|
| 0 | 1 | 0 | 3 | Braund, Mr. Owen Harris | male | 22.0 | 1 | 0 | A/5 21171 | 7.2500 | NaN | S |
| 1 | 2 | 1 | 1 | Cumings, Mrs. John Bradley (Florence Briggs Th... | female | 38.0 | 1 | 0 | PC 17599 | 71.2833 | C85 | C |
| 2 | 3 | 1 | 3 | Heikkinen, Miss. Laina | female | 26.0 | 0 | 0 | STON/O2. 3101282 | 7.9250 | NaN | S |
| 3 | 4 | 1 | 1 | Futrelle, Mrs. Jacques Heath (Lily May Peel) | female | 35.0 | 1 | 0 | 113803 | 53.1000 | C123 | S |
| 4 | 5 | 0 | 3 | Allen, Mr. William Henry | male | 35.0 | 0 | 0 | 373450 | 8.0500 | NaN | S |

图 5-3　加载数据

### 5.4.2 数据清洗和预处理

在这一步，需要处理缺失值、异常值等。

```
# 处理缺失值，例如使用中位数填充年龄的缺失值
train_data['Age'].fillna(train_data['Age'].median(), inplace=True)
test_data['Age'].fillna(test_data['Age'].median(), inplace=True)

# 对性别进行编码
train_data['Sex'] = train_data['Sex'].map({'female': 1, 'male': 0})
test_data['Sex'] = test_data['Sex'].map({'female': 1, 'male': 0})
```

## 5.4.3 探索性数据分析

使用 Matplotlib 可视化工具，探索数据之间的关系。

```
import matplotlib.pyplot as plt

# 性别与生存率的关系
sex_survived = train_data.groupby('Sex')['Survived'].mean()
plt.bar(sex_survived.index, sex_survived.values)
plt.title('Survival Rate by Sex')
plt.xticks([0, 1], ['Male', 'Female'])
plt.ylabel('Survival Rate')
plt.show()
输出，如图5-4所示：
```

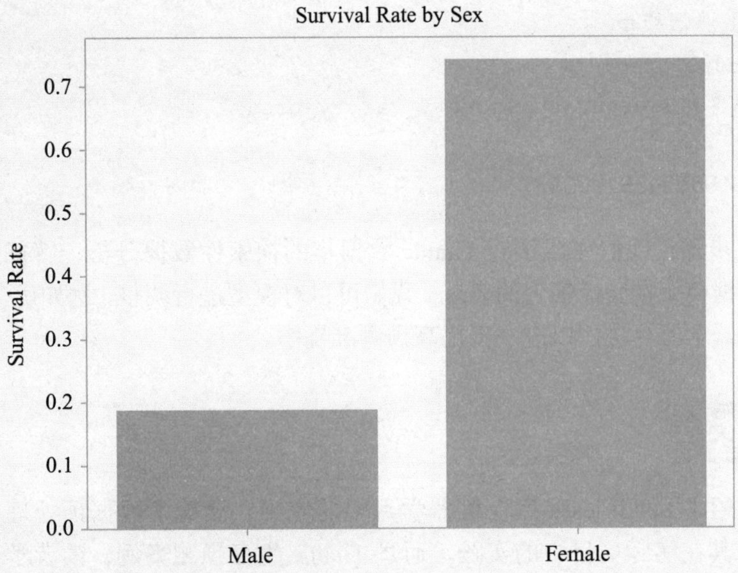


图 5-4　加载数据

### 5.4.4 特征工程

根据 EDA 的结果和对数据的理解，选择和构造模型训练所需的特征。

```
# 选取特征
features = ['Pclass', 'Sex', 'Age', 'SibSp', 'Parch']
X_train = train_data[features]
y_train = train_data['Survived']
X_test = test_data[features]
```

### 5.4.5 模型训练与评估

使用 Sklearn 训练模型并评估其性能。

```
from sklearn.model_selection import train_test_split
from sklearn.ensemble import RandomForestClassifier
from sklearn.metrics import accuracy_score

# 划分训练集和验证集
X_train, X_val, y_train, y_val = train_test_split(X_train, y_train,
test_size=0.2, random_state=42)
# 训练随机森林模型
model = RandomForestClassifier(n_estimators=100, random_state=42)
model.fit(X_train, y_train)

# 在验证集上评估模型
y_pred = model.predict(X_val)
print('准确率:', accuracy_score(y_val, y_pred))
输出:
准确率: 0.8156424581005587
```

通过以上步骤，我们完成了对 Titanic 数据集的探索性数据分析、特征工程、模型训练与评估。根据模型在验证集上的表现，我们可以对模型进行调整，例如优化模型的参数、尝试不同的机器学习算法，以进一步提高预测准确率。

## 本章小结

第 5 章介绍了 Scikit-learn 库在机器学习中的应用，涵盖了数据预处理、多种机器学习算法原理及其在实际项目中的实践。通过 Titanic 生存预测案例，读者学会了如何运用 Scikit-learn 进行特征工程、模型训练、评估和选择最优模型。

## 课后练习

### 1. 简答与编程题

（1）编写 Python 代码，使用 Scikit-learn 的 train_test_split 划分数据集，并训练一个简单的线性回归模型。

（2）说明 Scikit-learn 中交叉验证在模型评估中的作用。

### 2. 实训

利用 Scikit-learn 库，对鸢尾花数据集（Iris dataset）进行分类，尝试训练并比较不同分类器（如 KNN、SVM 等）的效果。

## 课后思考

在人工智能与大数据技术深度融合的趋势下，机器学习作为关键技术之一，对破解“卡脖子”问题和推动我国科技创新具有重要意义。通过学习 Scikit-learn 等机器学习库，请你反思如何将其融入我国科技人才培养体系，促进自主知识产权的研发和积累，形成完整的科技创新生态链，同时注重在应用机器学习技术时遵循伦理规范，确保数据安全和隐私保护。

# 参考文献


[1] 阿尔·斯维加特（Al Sweigart）. Python 编程快速上手：让繁琐工作自动化 [M].2 版 . 王海鹏，译 . 北京：人民邮电出版社，2021.

[2] 吉田拓真，尾原飒 . NumPy 数据处理详解：Python 机器学习和数据科学中的高性能计算方法 [M]. 陈欢，译 . 北京：中国水利水电出版社，2021.

[3] 李庆辉 . 深入浅出 Pandas：利用 Python 进行数据处理与分析 [M]. 北京：机械工业出版社，2021.

[4] 刘大成 . Python 数据可视化之 matplotlib 实践 [M]. 北京：电子工业出版社，2018.

[5] 梁佩莹 . Python 科学计算及实践 [M]. 北京：清华大学出版社，2021.

**图书在版编目（CIP）数据**

Python数据分析与可视化 / 庄国强，琚沅红，曲豫宾主编. -- 北京: 中国人民大学出版社, 2025. 1.
(新编21世纪高等职业教育精品教材). -- ISBN 978-7-300-33580-3

Ⅰ. TP312.8

中国国家版本馆CIP数据核字第2025YJ1527号

新编 21 世纪高等职业教育精品教材 · 电子与信息类
**Python数据分析与可视化**
**主　编**　庄国强　琚沅红　曲豫宾
**副主编**　解圣霞
Python Shuju Fenxi yu Keshihua

| | | | |
|---|---|---|---|
| **出版发行** | 中国人民大学出版社 | | |
| **社　　址** | 北京中关村大街31号 | **邮政编码** | 100080 |
| **电　　话** | 010－62511242（总编室） | | 010－62511770（质管部） |
| | 010－82501766（邮购部） | | 010－62514148（门市部） |
| | 010－62515195（发行公司） | | 010－62515275（盗版举报） |
| **网　　址** | http:// www. crup. com. cn | | |
| **经　　销** | 新华书店 | | |
| **印　　刷** | 天津鑫丰华印务有限公司 | | |
| **开　　本** | 787 mm×1092 mm　1/16 | **版　　次** | 2025 年 1 月第 1 版 |
| **印　　张** | 11.75 | **印　　次** | 2025 年 1 月第 1 次印刷 |
| **字　　数** | 272 000 | **定　　价** | 39.00 元 |